NAPA VALLEY
Complete Guide
ナパヴァレー完全ガイド

Photo & Text by Jun HAMAMOTO 濱本 純

カルトワインといわれたアロヨのケイブと樽

はじめに

ナパヴァレーの朝は輝く至宝

燦々と輝く北カリフォルニアの太陽に温められたヴァレー・フロア（谷間の平地）の大地は、夕方から翌朝にかけて冷却され、膨張していた空気が収縮して太平洋からの冷気を引き込みます。この寒暖の差で、夜から朝にかけては霧が頻繁に発生します。しかし昼頃までにはこの霧も消え、午後には眩しい太陽が照りつけます。

私のオフィスは標高約600mのハウエル・マウンテンの山頂付近、この霧の層から突き出たところにあるので、ヴァレー・フロアよりも早く朝陽が射します。滞在中は車で登り下りしています。使える道路は、クネクネと曲がる九十九折の山道だけでなく、かなり急傾斜の直線的な近道もあります。早朝にこの道を下りるときは、太陽が照る青空の世界から、まさに海のような雲海へ車でダイブするかのような素晴らしい体験ができます。

ナパヴァレーの雲海といえば、1880年に新妻とナパヴァレーを訪れた作家、ロバート・ルイス スティーブンソンもその美しさに感動した１人です。滞在していたセントヘレナ山の山麓の廃屋で迎えた朝の情景を、次のように書き残しています。

「足元から1000フィート（約300m）もないあたりに、とても大きな海がうねっていた。夜は山中の静かな場所で寝ていたつもりなのに、朝、目を覚ますと海岸の入り江にいたようなものだった」

（Robert Louis Stevenson『The Silverado Squatters』「The Sea Fogs」の章より）

ナパヴァレーの朝の素晴らしさは、もちろん霧だけではありません。ヨントヴィル周辺やカリストガでは、天気の良い早朝には熱気球が飛び立ち、カラフルなバルーンと葡萄畑のコントラストは圧巻です。宿の近くにクリーク（Creek：小川）があれば、霧に包まれた土手を散歩しながら野生のブルー・ベリーをつまむのも一興です。ナパ市やヨントヴィルに滞在中なら、近くのカフェで朝のコーヒーやパンをいただくのも楽しいものです。

ハウエル・マウンテン頂上付近から眺める朝の雲海。対岸（？）の山はスプリング・マウンテン、真っ白い海はヴァレー・フロア上の霧の層

エデンの園

現地で販売している書籍や観光案内誌等では、ナパヴァレーを「エデン（Eden）のようなところ」と形容しているのをよく見かけます。ジェームス・コナウェイの著書『NAPA』（邦訳『カリフォルニアワイン物語　ナパ』JTB／2001年）の原書は、サブタイトルに「The Story of an American Eden」と謳い、表紙には葡萄がたわわに実る田園風景が描かれています。アダムとイヴが暮らしていた、あのリンゴやイチジク、葡萄の木々が生い茂る、理想の楽園像をナパヴァレーに重ね合わせたいのだと思います。そもそも、ナパという呼称も先住民の言葉で「豊饒の地」を意味するものでした。

5月から6月上旬にかけてのロス・カルネロスの葡萄畑と栽培農家

人々を惹きつけているナパヴァレーの魅力は、いわゆる自然のままの豊かさではありません。現在のナパヴァレーの大地のほとんどは、人間が耕した葡萄畑で覆いつくされており、ビジネスマン、弁護士、大学教授、会社経営者、写真家、映画監督、レーサー、シンガーソングライターなど、さまざまな都会の人々が、この地に魅せられ移住し、ワイナリーを経営しています。目にする風景も、地平線まで続く広大なアメリカというものではなく、ヨーロッパを感じさせる田園と建物、これらに混じって点在するアート作品的な建物です。隠れ家的（retreat）な場所に住むことが彼らには最高の贅沢で、山頂を見渡せば、そのところどころに、木々の間に潜むように佇む家屋が見られます。

ナパヴァレーのワインツーリズム

1990年代初頭のナパヴァレーは、南北に縦断するハイウェイ29号線をたまに車が行き来するくらいの長閑なカントリーでした。一方で、朝には熱気球が舞い上がり、葡萄畑に不思議なモダンアートのオブジェが出現したり、新たな息吹が芽生え始めていました。私もこの不思議な魅力に惹かれ、暇を見つけては訪れるようになりましたが、行く度に増加する観光客と車、次々と誕生する新しいワイナリーやレストランを目のあたりにして、そのテンポの速さとダイナミズムにアメリカの凄さを感じたものでした。

近郊のサンタクララ・ヴァレーにおけるIT産業の勃興も、そのダイナミックな変化の背景と言えるでしょう。シリコン・ヴァレーのIT企業やサンフランシスコの金融業で忙しく働く人々が、余暇にはワイン・カントリーへ頻繁に足を運んだのです。彼らは美味しい食事とワインにはお金を惜しまず、中にはワイナリーのオーナーになった人も少なくありません。

レストランのシェフにとっては、新鮮な食材とワインが身近にあり、富裕層の顧客が訪れるワイン・カントリーは、理想のビジネス環境でした。トーマス・ケラーのフレンチ・ランドリー（The French Laundry）がその嚆矢といえます。ワイン・カントリーで３つ星獲得というサクセス・ストーリーは、さらなる観光客を引き込み、新たなシェフたちが次々開業していきました。

こうした人の流れがナパヴァレーに「ワインツーリズム」をもたらしました。ワインツーリズムとは、「ワインをつくる国や地域を訪ねて、そのテロワール（土壌、地形、気候等）を目と肌で直に感じ、ワイナリーを訪れてさまざまな体験をし、その地域の宿や料理、文化も楽しむワイン旅行」と定義できるでしょう。

この観点でナパヴァレーを眺めると、ハリウッドやディズニーランド等、カリフォルニア州が得意とするエンターテイメントとマーケティング力によって、ワイン愛好家のみならずアルコールを飲めない老若男女でも楽しめるワイナリー・リゾートが育ったといえます。つまりこれが、ナパヴァレーのワインツーリズムの特徴であり魅力なのです。地元の観光産業が運行するワイン・トレインも、ワインと食事、ワイナリー巡りを楽しむことのできる、ワインツーリズムのひとつといえるでしょう。

12年前、私はそうしたナパヴァレーの魅力を『ナパヴァレーのワイン休日』（樹立社／2008年）としてまとめました。それから約10年、2019年にナパヴァレーの観光案内組織「VISIT NAPA VALLEY」が発表した資料によると、2018年にナパヴァレーを訪れた国別観光客数で、日本は４位に入っていました。私が初めて訪れた1990年代初頭といえば、日本人は時たま見かけるだけで統計にも反映されない程度でしたから、隔世の感があります。

ナパヴァレーに近い、サンフランシスコ国際空港（SFO）にも変化がありました。一般的に国際空港の出発ロビーは、その空港の最寄りの都市や観光地の特産物を、お土産として免税店に並べるのが常です。かつてそれはギラデリーのチョコレートであり、酸っぱいサワー・パンでした。しかし今日、SFOで最も発着便数の多い、ユナイテッド航空等のスターアライアンス・グループの搭

毎年初夏、ロバート・モンダヴィ・ワイナリーで行われるサマー・ミュージック・フェスティバルの際に葡萄畑に設営された特別席

乗アーケードでは、ナパ・ファームス・マーケット（Napa Farms Market）やマスターズ・バー&グリル（Mustards Bar & Grill）といった、ナパヴァレー関連の店が目抜き通りを占め、多くの客を集めています。これは、北カリフォルニアの人気の筆頭は、ナパヴァレーだということを意味しています。

本書では、ナパヴァレーとそのワイナリーの歴史にも目を配りながら、大きく変貌を遂げたナパヴァレーの今をお伝えします。ナパヴァレーと隣接するソノマ郡については、『ソノマのワイン休日』（世界文化社／2018年）を刊行していますので、あわせてお読みいただければ、カリフォルニアのワイン・カントリーの魅力がより浮き彫りになってくると思います。

CONTENTS

オーパス・ワン

14 ナパヴァレーのワイナリー

葡萄を足で踏み潰す体験

ラザフォードのイングルヌック横の並木道と葡萄畑

116 ナパヴァレーのエリアガイド

ナパ市のナパヴァレー・エクスポ会場

ラザフォード付近のヴァレー・フロアから臨むヴァカ山脈

162 ワイン・カントリーの歴史

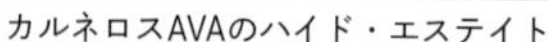
カルネロスAVAのハイド・エステイト

ハウェル・マウンテンのラデラ

アングウィンの朝霧の中を散歩する住民

凡 例

◉ ナパ郡、ナパ市、ナパヴァレーの呼称について

ナパ郡（Napa County）は、アメリカ合衆国50州のひとつ、カリフォルニア州にある地方行政府です。ナパ市（Napa City）は、ナパ郡を構成する街町のひとつで、ナパ郡全体の行政庁舎がある街です。一方、ナパヴァレー（Napa Valley）という呼称は、葡萄栽培地域（AVA=American Viticulture Area）の名称が原点です。

しかし日本人の会話を聞いていると、ナパ市もナパ郡もナパヴァレーも、特に区別なく使用しているケースをよく見かけます。一方、地元住民がナパと呼ぶときはナパ市のことを指し、ナパ郡のことはナパ・カウンティと呼んで区別しています。一般的に、ナパ郡の代替呼称としてナパヴァレーが使われることもありますが、住民の多くがヴァレー・フロアに住み経済活動もここに集約しているためと考えられます。本書でも、特に意図のない限りナパヴァレーと呼びます。

正確を期す必要がある場合は、内容に応じてナパ郡（Napa County）、ナパ市（Napa City）と使い分けます。また、AVA上でのナパヴァレーを指す場合には、ナパヴァレーAVAと、AVAの文字を付します。また、本書では「街」と「町」の字を両方使っていますが、大きい行政区であるナパ市とアメリカン・キャニオン（American Canyon）は「街」、それ以外の小規模な行政区は「町」としています。

◉ 道路の呼称について

道路表記については以下のように略します。ハイウェイ（Hyway）はHyw.、アベニュー（Avenue）はAve.、トレイル（Trail）はTr.、ストリート（Street）はSt.、クロスロード（Cross Road）はCros.、レーン（Lane）はLn.、ブルヴァード（Boulevard）はBlvd.、ドライブ（Drive）はDr.。

※ワイナリーやレストランに関する記載内容は取材時のものです。現在ナパヴァレーではオーナー、ワインメーカー、シェフの変更はよくあることで、これにより評価も大きく変わる可能性がある点、ご了承ください。

ナパヴァレーの ワイナリー

近年のナパヴァレーのワインは、知名度やワインの品質においても、決して ボルドーやブルゴーニュに劣ることはありません。今やナパヴァレーは、世界 における銘醸地の一角であり、多くのプレミアム・ワインが生まれています。 少量生産で限られたルートでしか入手できない、スクリーミング・イーグル（Screaming Eagle）やハーラン（Harlan Estate）による〈The Napa Valley Reserve〉、今はもう存在しませんがアロヨ（Vincent Arroyo Winery）等もカルト・ワイン

としてもてはやされました。

国別のワイン消費量は、アメリカは既にフランスを抜き世界No.1になっています。一方、生産量ベースでみると、ナパヴァレーは世界のワイン生産量のわずか0.4％、カリフォルニア州全体と比較してもその４％程度にすぎません。

ナパヴァレーのワイン生産者協会、ナパヴァレー・ヴィントナーズ（NVV：Napa Valley Vintners）によると、NVV に加盟するメンバーの78％は、年間生産量が１万ケース以下のワイナリーで、95％が家族経営の小規模なものだそうです。自前の醸造施設を持つメンバーが475、これに依託醸造を含めると550とのことで、NVV未加盟や自社ブランドを持たないワイナリーも含めると1,000に近いワイナリーが存在すると思われます。彼らは自分たちのワインを知ってもらいファンを増やそうと、幾多のマーケティング手法を駆使しています。NVVのディレクター、テレサ・ウォール氏によると、近年ナパヴァレーに誕生した新しいワイナリーの特徴は、少量生産で、テイスティングには予約が必要（By an appointment）という傾向が挙げられるそうです。

5月末から6月上旬にかけてのロス・カルネロスの葡萄畑と丘陵

新規参入するワイナリーは、これまで葡萄栽培をしていた農家が転身することが圧倒的に多く、投資家を募って始める例も多く見かけます。牧畜か他の農作物の栽培で使っていた土地、あるいは山を開墾して、ワイナリーを始めた事例もあります。前者には、シャルドネ葡萄とピノ・ノワール葡萄で評判の高い、ロス・カルネロスの葡萄栽培農家だった、クリストファー・ハイドのハイド・エステイト（Hyde Estate）、後者としては、日本のゲーム会社カプコンの辻本憲三会長が、乗馬訓練所の土地を購入して創設したケンゾー・エステイト（KENZO ESTATE）が挙げられます。

もうひとつ、大きな傾向があります。大手ワイナリーによる寡占化が進んでいることです。ただし、買収後もそれまでのワイナリー名は変更せず、資本と経営が移動する例が多く、一般の人々には表だっては分かりません。この例としては、今や世界一のワイナリー・グループになったガロ・ファミリーのE. & J. Galloが、ナパヴァレーの名門ワイナリーのルイ・M・マティーニ（Louis M. Martini Winery）を買収した例、世界第2位の酒類大手コンステレーション・

オーパス・ワン　Opus One

格調が高い。日本人にとってのカリフォルニア・ワインの代名詞

日本人にとってナパヴァレーといえば、最初に想起するのがこのワインとワイナリーではないでしょうか。カベルネ・ソーヴィニヨン主体の赤ワイン1種類だけに絞ったマーケティングも王道をゆくものです。最近はかつてワイナリー限定販売であった〈Overture（オーヴァチャー）〉も正規に市場で流通させています。いずれにせよ日本人にとってカリフォルニア・ワインの代名詞的存在であることは間違いありません。細かいビロードのようなタンニンの舌触りとふくよかな香り、味もさることながら、オーパス・ワンには素晴らしいストーリーがあります。

それは、1855年におこなわれたフランスのAOC格付けの歴史で、唯一格付けが昇格したメドックの雄シャトー・ムートン・ロートシルト（Château Mouton Rothschild）のバロン・フィリップ・ド・ロートシルト（Baron Philippe de Rothschild）と、ナパヴァレーを代表するロバート・モンダヴィとの、2人の個人の合意による合弁ワイナリーであることです。 合弁事業の基本合意がされたのは、1978年のボルドーにおける2人の話し合いによるものです。

ブランズ（Constellation Brands）による、ヒューニアス・ヴィントナーズ（Huneeus Vintners）からのザ・プリズナー・ワイン・カンパニー（The Prisoner Wine Commpany）の買収、また、ヒューニアス・ヴィントナーズによる数々のワイナリーの売買例が挙げられます。

新しい動きとして、JCBことジャン・シャルル・ボワセ（Jean-Charles Boisset）のホールディング・カンパニー、ボワセ・コレクション（Boisset Collection）によるブエナ・ヴィスタ（Buena Vista Winery）やデ・ローチ・ヴィンヤーズ（De Loach Vinyards）の買収と歴史ミュージアムの設置、それにジャム・セラーズ（JaM Cellars）の台頭と躍進も要注目です。

このように、ナパヴァレーのワイナリー業界ではさまざまな動きがあり、ワインツーリズムも活況を呈しています。ツーリストとしては、どのワイナリーを訪れたらよいか迷うところです。以下では、現地での評価と話題性、日本での人気、今後の注目度などを考慮して、幾つかのワイナリーをフォーカスしてみましょう。

Opus One地下セラーの放射状に並べられた樽

早朝のOpus One。遠い後ろの山にある葡萄畑が、蜃気楼のように浮かび上がっている貴重なタイミング

2019年10月のOpus One。右は２人の肖像画が描かれたエチケット

出資比率は各50％の対等で、ムートン側は樽を提供するのに対して、ファースト・ヴィンテージではモンダヴィがナパヴァレーの自社畑から最高の葡萄を提供する等、互いの利点は取り入れ、バランスをとった契約事項が盛り込まれています。そのことは〈Opus One（第一楽章）〉のラベルに象徴され、ロバート・モンダヴィには左向きの横顔を譲った代わりに、右向きのバロン・フィリップは、幾分高い位置に横顔がレイアウトされる等、細かい配慮の跡が窺えます。

ファースト・ヴィンテージは1979年で、最初に売り出したのはこの79年と80年ヴィンテージの６本入り木箱でした。ワイナリーの建物自体は1991年に完成しましたが、一般顧客のワイナリー訪問の受付開始は1995年になりました。

ワイナリーにまつわる逸話には切りはありませんが、このワイナリーを空から眺めた外観がワイン・グラスを横にした形に見える、という設計の妙には驚かされました。29号線側のゲート部分がワイン・グラスの底側、アプローチ道路がステムの部分、円盤状の建物がグラスの膨らんだ部分、バックヤードの葡萄の搬入口が、飲み口に当たります。円盤が地上に舞い降りた形状にしたもうひとつの理由は、地下のセラーの樽の置き方にあります。ムートンと同様に、樽を積み重ねることなく一層に並べ、円弧を描く樽の列が何重にも放射状に広がるレイアウトで設計されたからです。

2019年にはファースト・ヴィンテージから数えて40周年となり、時代のニーズに合わせて年初からテイスティング・ルームの拡張工事を行ってきました。テイスティングスペースのキャパシティは以前より拡大され、この本が出版される頃にはリニューアル・オープンの運びになると思われます。

シェイファー Shafer Vineyards
カベルネ好きの聖地・スタッグス・リープの代表格

シルヴァラード・トレイル（Silverado Tr.）沿いのスタッグス・リープ（Stag's Leap）地区にあるのは、1973年に創設されたシェイファー（Shafer Vineyards）です。カベルネ・ソーヴィニヨンは言うまでもありませんが、メルロー、白のシャルドネも私の好きなワインです。

現オーナーのダッグ・シェイファー（Doug Shafer）の父、ジョン・シェイファー（John Shafer）は、イリノイ州で教育関連の出版社に勤務していた人物です。47歳になる1970年代はじめ、この仕事への不完全燃焼感から、土をいじる仕事への願望が膨らみます。手にした本には、第２の人生は50歳までに着手すべしの見出し。当時のバンク・オブ・アメリカのレポート『カリフォルニア州におけるワインの展望』には、「ワイン市場は今後10年間で、これまでにない成長を遂げるであろう」という記事もあり、当時の仕事に見切りをつけ、ジョ

後ろにそびえ立つのは岩山のヴァカ山脈。手前はシェイファーのサンスポットと名付けられた自慢の畑

ンはワインづくりに焦点を合わせます。

以後、時間を見つけてはカリフォルニアを訪れ、各地の葡萄畑を物色し、条件を満たす地として辿り着いたのはナパヴァレーの現在の土地でした。1972年には畑を購入、1973年には慣れないトラクター・TD-9を動かし、地中海沿岸に似た丘の斜面に植樹を始めたのでした。

ファースト・ヴィンテージは〈Shafer Cabernet Sauvignon 1978 Napa Valley〉でした。1983年には、息子ダッグがワインメーカーとして、また当時U.C.Davis校の学生であったエリアス・フェルナンデス（Elias Fernandez）もアシスタント・ワインメーカーとして加わり、シェイファーは本格稼働します。

ダッグのファースト・ヴィンテージは、サンスポットと名付けたブロックの葡萄だけでつくったカベルネ・ソーヴィニヨンで、これを〈Reserve〉として発売。その後、1988年にはカルネロスに畑を買い増すことで、シャルドネも〈Red Shoulder Ranch Chardonnay〉としてラインに加わりました。

現在シェイファーは、ナパヴァレーを代表するワインとして幅広い支持を受けています。フェルナンデスは、ホワイト・ハウスの晩さん会にも出席するほどのワインメーカーに成長して、このワイナリーでワインづくりを続けています。『A Vineyrd in Napa』（Doug Shafer / Andy Demsky、邦訳『ナパ　奇跡のぶどう畑』CCCメディアハウス／2014年）には、このワイナリーの挑戦が詳細に書かれています。

シェイファーの従業員で『A Vineyard in Napa』の作家アンディ・デムスキー氏

クインテッサ Quintessa

世界有数のワイン企業が注力した渾身のフラッグシップ

シルヴァラード・トレイルとラザフォード・クロス・ロードの交差点近くにある、半月形アーチの石造りのワイナリーがクインテッサ（Quintessa）です。世界に多数のワイナリーを所有するチリの大富豪、オーガスティン・ヒューニアス（Augustin Huneeus）が1989年に創設したワイナリーです。

オーパス・ワンと同様に、販売するワインはカベルネ・ソーヴィニヨン種だけに特化していますが、ワイナリーを訪れる人にだけ、テイスティングでソーヴィニヨン・ブランが振る舞われます。

クインテッサのグラス・パヴィリオンの頂上から

試飲ワイン。左からソーヴィニヨン・ブラン、右2つはヴィンテージ違いのカベルネ・ソーヴィニヨン。写真右はクインテッサ正面アプローチ

このワイナリーの素晴らしさを知るには、1日10人限定のワイナリー・ツアーに参加することです。バギー・カーに乗って始まるツアーは、大きな湖ドラゴンズ・レイクに沿って走り、バイオダイナミック農法（Bio-Dynamic）で育てる280エーカーの葡萄畑を回ります。小高い丘にあるグラス・パヴィリオンからの眺めは爽快です。

醸造工程は、できるだけモーターを使用しない、重力を利用したもの（Gravity Flow System）です。このシステムは、オーパス・ワンをはじめ、ナパヴァレ

ーの多くのワイナリーが採用しています。収穫した果実は、上層階で余分な枝等を除去して破砕し、下の階の醸造タンクに移し、醗酵温度をコントロールしやすいステンレス・タンクや、安定した温度管理に役立つコンクリート・タンク等で醸造し、さらに地下やケイヴ（洞窟）にある木の樽に移し、熟成させるのです。モーターを使って移動させると葡萄の種や果梗（かこう）などに傷をつけ雑味が生じることから、この方法が採用されています。

ヒューニアスは若い頃、カナダの会社シーグラムで働き、その後自国チリに戻り、27歳のときにコンチャ・イ・トロ（Concha Y Toro）に勤務。チリで一番大きなワイナリーに成長させ、その後独立して多くのワイナリーを買収しました。ホールディング・カンパニーであるヒューニアス・ヴィントナーズ（Huneeus Vintners）は、世界15カ国にワイナリーを所有しています。ソノマを代表するフラワーズ（Flowers Vineyards & Winery）もヒューニアスの傘下にあります。

レイモンド・ヴィンヤーズ Raymond Vineyards

ワイン界の風雲児が手がける。学べるプログラムも充実

セント・ヘレナ地区の南側、29号線とシルヴァラード・トレイル（Silverado Tr.）を繋ぐジンファンデル・レーン（Zinfandel Ln.）沿いにあるのが、2012年に「American Winery Of The Year」を受賞したレイモンド（Raymond Vineyards）です。

レイモンドでは、葡萄をバイオダイナミック農法で育て、ハイジ・バレット（Heidi Barrett）と肩を並べるフィリップ・メルカ（Philippe Melka）がワインメーカーとして携わり、上質の素晴らしいワインをつくりだしています。

ワイナリーを訪れて最初に出会うアプローチには、オーナーのフランス人、ジャン・シャルル・ボワセ（Jean-Charles Boisset、愛称：JCB）からの挨拶と説明パネル、屋外の「自然シアター（Theater Of Nature）」と銘打ったミニ・ガーデンでは「バイオダイナミック農法」について具体的に説明してくれます。

ロバート・モンダヴィに引けを取らない、さまざまなテイスティング・ルームもあります。用途とターゲットに合わせ、バカラのシャンゼリゼを使用した優美な部屋、若者向けのクラブ風のテイスティング・カウンター、一般には公開しない隠れ試飲室、商談用のオーソドックスなものなど、実に多様です。

お勧めしたいプログラムは、観光客自らがビーカーに入ったワインをブレンドして、お手本のワインに近づける１日ワインメーカー体験（Winemaker for a day）です。素晴らしいワインに加え、ワインツーリズムの要素も兼ね備えた、

レイモンドのワイナリー建物へのアプローチ。

下左はオーナーのJCBことジャン・シャルル・ボワセ。下右はバイオダイナミック農法を具体的に見せる自然シアター入り口

ワインの魅力と楽しさに溢れたワインづくりを学べるワイナリーです。

このワイナリーは、カリフォルニア、フランス、さらには英国にもワイナリーを保有する、ボワセ・コレクション（Boisset Collection）グループの一員であり敷地内にその本部があります。

ボワセ・コレクションは2011年に、カリフォルニア初の商業ワイナリーのブエナ・ヴィスタ（Buena Vista)、ロシアンリバーで最初にピノ・ノワールを育てたデ・ローチ（De Loach）を買収。2019年にはアメリカ西海岸で最も古くから営業を続けている食品店、オークヴィル・グロッサリー（Oakville Grocery）を購入、隣接して1881 NAPAワイン歴史ミュージアムをオープンしました。ヨントヴィルには「JCBヴィレッジ」をつくり、テイスティング・ルームとデリカテッセン、JCB自らデザインする装飾店、ファッション・ブランド店を展開しています。このようにJCBのビジネスはワインにとどまらず、食とファッションの分野にまで広がっているのです。

オーナーのジャン・シャルル・ボワセの実家はフランスのブルゴーニュでワイナリーを所有し、奥様ジーナ（Gina）は世界一のワイナリー・グループ、ガロ・ファミリーのお孫さんです。また現在彼ら家族が住んでいる家は、かつてロバート・モンダヴィ夫妻が住んでいた家です。だからなのでしょうか、彼のやることには、かつてのロバート・モンダヴィを彷彿させるものがあります。ナパヴァレーやフランスにとどまらない、ワイン界の風雲児的存在です。

ファ・ニエンテ／ニッケル&ニッケル Far Niente／Nickel & Nickel

優雅でナパヴァレー屈指の景観

オークヴィルの交差点から、オークヴィル・グレード・ロード（Oakville Grade Rd.：ソノマへ山越えしてTrinity Rd.へ繋がる）に入ってすぐ、左手に入り口が見えるのが、日本でも人気のあるファ・ニエンテ（Far Niente）です。入り口から長いアプローチが続き、再びゲートがあり、扉を開けてもらって辿り着く優雅な豪邸がワイナリーです。

ファ・ニエンテの裏庭からの眺望。ハーベスト・シーズンで葡萄を運び込むトラックも見える

ファ・ニエンテのルーツは1885年に遡ります。アメリカの有名な印象派画家ウィンスロー・ホーマー（Winslow Homer）を叔父に持つ、ジョン・ベンソン(John Benson）はゴールド・ラッシュで財を成し、建築家ハムデン・マッキントリー（Hamden McIntyre）に依頼してつくったのがこのワイナリーです。マッキントリーといえば現CIAグレイストーン校（CIA Greystone）のルーツ、グレイストーン・セラーズ（Greystone Cellars）を設計した人物として知られています。しかしその後、禁酒法によりファ・ニエンテは倒産し、その後約60年にわたり放置されていました。これを1979年に元世界的カーレーサーのギル・

ニッケル（Gil Nickel）が買い取り、新しい息吹を吹き込んだのです。

ファ・ニエンテといえばかつて日本ではカリフォルニア・ワインにおけるシャルドネの代名詞として愛されてきましたが、現在はオークヴィルの特性を生かした2つの畑から生産されるカベルネ・ソーヴィニヨンが売り物といってよいでしょう。さらに、私には珍しいことですが、甘い〈Dolce Late Harvest〉（ドルチェ・レイト・ハーベスト）にはぞっこんです。芳醇で複雑な白い花の香り、少し酸味を残した味、極めつきはそのボトル・デザインが最高に素晴らしいことです。ボトルの金色の部分には22金を使用しているとのこと。

ファ・ニエンテと姉妹関係にあるワイナリーが、ニッケル＆ニッケル（Nickel & Nickel）です。オークヴィルの29号線沿いで2000年に創業、正面にアメリカの昔ながらの牧場を再現した優雅なワイナリーなのですぐ目につきます。奥に

ニッケル＆ニッケルの正面玄関

ファ・ニエンテの葡萄
畑はまるでエデンの園

あるレッド・バーン（倉庫）も含め、すべてにわたって手入れが行き届いており、ついカメラのシャッターを切りたくなります。ワインに関しても、シャルドネやメルローのほかに、オークヴィルからカリストガに至るまでの、異なる16のカベルネ・ソーヴィニヨン畑で採れた葡萄を使ったワインがそれぞれ商品化されています。ずっしりと重厚なものから、適度な酸味でバランスが取れたものまで、同じカベルネ・ソーヴィニヨンとはいえ、テロワールを比較するのにはもってこいのワイナリーといえるでしょう。カーレーサーがつくったということで、双方のワイナリー内にはクラッシックカーが展示されています。

ともに、華麗さと優雅さにおいてはナパヴァレーでもトップクラスのワイナリーであることは間違いありません。ギル・ニッケルは2003年に死去し、現在は奥様のベス・ニッケル（Beth Nickel）が引き継いでいます。

ザ・プリゾナー・ワイン・カンパニー The Prisoner Wine Company

常識を覆す不気味で楽しいテーマパーク的ワイナリー

ナパ市から29号線を北上し、ラザフォードを越えてしばらくすると右方向に、ワイン・カントリーとはおよそ似つかわしくない不気味な建物が目に入ってきます。今ナパヴァレーで一番人気のワイナリーの一つ、2017年11月にセント・ヘレナ地区にオープンした、ザ・プリゾナー・ワイン・カンパニー（The Prisoner Wine Company）です。〈The Prisoner〉というワインは既に、デヴィッド・ピニー（David Phinney）のオリン・スイフト・セラーズ（Orin Swift Cellars）から2000年に売り出されており、17年の歳月を経て、今回ワイナリー名となってデビューしたことになります。

今や英雄的ワインメーカーと呼ばれるデヴィッド・ピニーは、卒業旅行に出かけたイタリアでワインに興味を持ち始めました。その後カリフォルニアに戻ったピニーは、ロバート・モンダヴィでワインづくりの手伝いをしつつ、27歳の頃につくったのがオリン・スイフト・セラーズと〈The Prisoner〉という名のワインでした。

ファースト・ヴィンテージは天候が不順な2000年で、何とかかき集めた葡萄をごちゃ混ぜにしてつくったワインが〈The Prisoner〉です。ジンファンデル、カベルネ・ソーヴィニヨン、シラー、プティ・シラー、シャルボノ（Charbono）という、今までの常識にはない葡萄の混合で、わずか385ケースの赤ワイン。ラベルは、以前彼がゴヤのタッチを真似て描いた絵を、出荷する時点でボトルに張り付けたものでした。

しかしこの常識破りだらけのワインは、いきなり『ワイン・スペクテーター』誌の「世界のワイン100」に選ばれ、瞬く間に若年層から支持を得たのでした。その後順調に推移し、〈The Prisoner〉の年間生産量が8万5,000ケースに達した2008年、世界15カ国にワイナリーを有するヒューニアス・ヴィントナーズに40億ドル（約44億円）で売却し、世間を驚かせました。ちなみに、オリン・スイフト・セラーズ自体も2016年にカリフォルニアの世界最大のワイナリー・グループ、E. & J. ガロ（E. & J. Gallo）へ売却されました。

その後〈The Prisoner〉の年間生産量が17万ケースに達した2016年、大手ワイン・ホールディング・カンパニーのコンステレーション・ブランズがヒューニアス・ヴィントナーズから２億8,500万ドル（約313億5,000万円）で買収し、

ザ・プリゾナー・ワイン・カンパニーの正面玄関

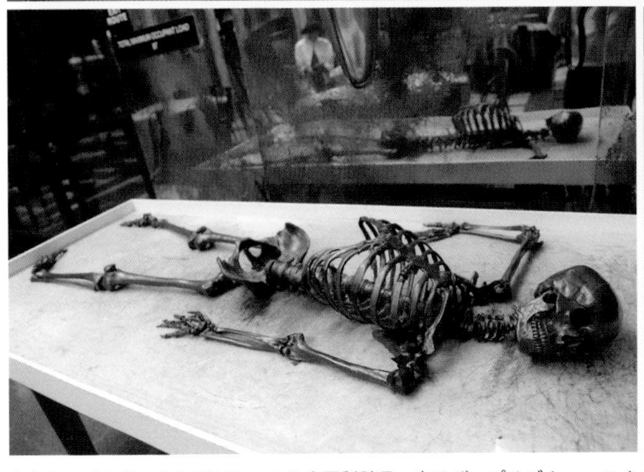

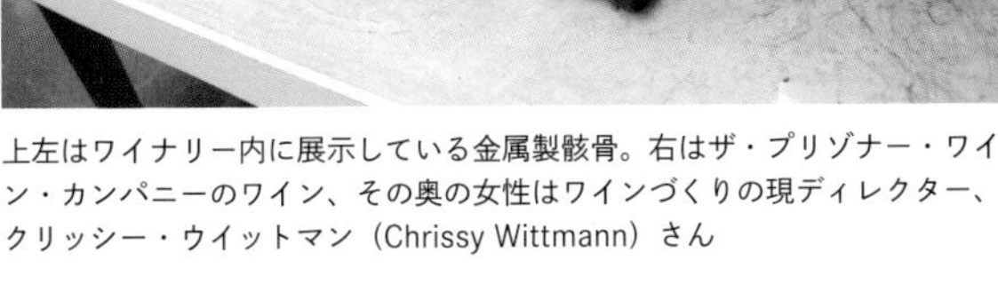

上左はワイナリー内に展示している金属製骸骨。右はザ・プリゾナー・ワイン・カンパニーのワイン、その奥の女性はワインづくりの現ディレクター、クリッシー・ウイットマン（Chrissy Wittmann）さん

フランシスカン（Franciscan）ワイナリー跡地にオープンしたワイナリーが、ザ・プリゾナー・ワイン・カンパニーなのです。

〈The Prisoner〉をはじめ、ジンファンデルの〈Saldo〉、白ワインの〈Blindfold〉、カベルネ・ソーヴィニヨンの 〈Cuttings〉、メルローの〈Thorn〉と、いずれも怪しげなラベルのワインです。ワイナリー内にも、金属製の骸骨、手錠、鎖に繋がれた鉄球の足かせといったオブジェが配置され、何を取っても不気味で面白い、今人気沸騰中のワイナリーです。

ケンゾー・エステイト KENZO ESTATE

カプコン会長のこだわりを凝縮。日本人に大人気！

日本のゲーム会社カプコンの会長、辻本憲三さんがつくったワイナリーがケンゾー・エステイト（KENZO ESTATE）です。ナパヴァレーに魅せられた辻本さんは、1990年に乗馬訓練所の跡地約3,800エーカーをアウトドア事業を念頭に購入します。しかし、その後開発上の問題から、用途をワイナリーに切り替えたのでした。

1998年に一度葡萄を収穫しワインをつくりましたが納得できず、2001年にハーラン（Harlan Estate）、コルギン（Colgin Cellars）等で実績のある、葡萄栽培家、デヴィッド・アブリュー（David Abreu）とコンサルタント契約を結びました。彼の指南に従って辻本さんが最初に行ったことは、これまで育てあげた葡萄樹をすべて引き抜き、畑地を掘り起こして大きな岩を取り除き、植樹し直したことでした。生命力があり地面に根を張り巡らす葡萄樹でも、大きな岩石があると根を張ることには限界があるからです。2003年には、スクリーミング・イーグル（Screaming Eagle）のほか数々の実績を持つ女性ワインメーカー、ハ

ケンゾー・エステイト裏の畑からワイナリー建物を眺める

左は卵形コンクリート・タンクとワインメーカーのマーク・ネインズさん。右は葡萄畑からワイナリーのほうを向いてのカット

イジ・バレット（Heidi Barrett）を迎え、ワインづくりを一新しました。こうしてつくられたケンゾー・エステイトのファースト・ヴィンテージは2005年です。

2009年に念願の醸造所とケイブが完成。2010年にはテイスティング棟が完成し、待望のグランド・オープンを果たしました。現在年間1,500ケースのワインを産出、〈ai 藍〉、〈murasaki 紫〉、〈asuka 明日香〉、〈rindo 紫鈴〉、〈asatsuyu あさつゆ〉、〈sei 清〉等の日本語にこだわったワインばかりです。

ハイジ・バレットさんは月に１回程度、要所要所で来られるので、ワインづくりの現場は実質的にはマーク・ネインズ（Marc Nanes）が仕切っています。白ワイン醸造棟の卵形コンクリート・タンクを、彼がまるで自分の息子のように愛しく抱きしめていた姿が忘れられません。ちなみに卵形コンクリート・タンクは、醸造時の温度が安定しているうえ、醗酵時には対流でコンクリートの側面に沿って底から上へ、また上層中心部からは底へ発酵物がうまく混ざり合うという利点があります。セラー・マスターの黒田さんとマークのタッグも上手く行っている様子でした。

ジョセフ・フェルプス・ヴィンヤーズ Joseph Phelps Vinyards

全米屈指の建設会社社長が転身。門構えや建物は必見

シルヴァラード・トレイルのセント・ヘレナ地区、タプリン・ロード（Taplin Rd.）に入ってすぐ左にある木製のゲートがジョセフ・フェルプス（Joseph Phelps Vinyards）の入り口です。ゲートからワイナリーの建物まで、全てレッドウッドを使用した建築物が印象的です。

ワイナリーを創設したのは、コロラドの建設会社の家庭に生まれ育った、ジョー・フェルプス（Joe Phelps）です。フェルプスは父から引き継いだ建設会社を、全米でも屈指の会社に育てます。サンフランシスコのベイ・ブリッジも彼の会社によるものです。一家は曾祖父の代からワインに興味を持っていて、彼の代になってワインづくりに人生の軸足を移すことになりました。この地に魅せられたジョーは、1973年に600エーカーはゆうに超えるこの土地を購入、1974年にはワイナリーを建築しつつ、葡萄を植樹しました。

チャレンジ精神の旺盛な彼は、カベルネ・ソーヴィニヨンをはじめ、ヨハネスバーグ・リースリング、ゲヴュルツトラミネール他、多くの品種を試しに植樹しました。これらの中にはシラーとヴィオニエもあり、彼の好きなフランスのローヌのエルミタージュ（Hermitage）を念頭に、カリフォルニアでは初めてのシラー種のヴァラエタル・ワインを、またヴィオニエを使用したローヌ・ブレンドのワインもつくってみました。

試行錯誤の結果、ジョセフ・フェルプスを世に知らしめたのは、自社畑の中から最高のカベルネ・ソーヴィニヨン葡萄だけを選んでつくった、ボルドー・スタイルのワイン、〈インシグニア（Insignia）〉でした。この手法は、これまでのカリフォルニア・ワインの常識にはないやり方でしたが、以後ナパヴァレ

ジョセフ・フェルプスのオーナーの
建設会社がつくった木造りのゲート

ーのワイナリーの中には、この手法を取り入れるところも出現しました。

エステイトの葡萄にこだわり、現在ナパヴァレーで数カ所、ソノマにも畑を所有しています。このワイナリーのテラスから、葡萄畑を眺めていただくワインは格別のものです。

ハイド・エステイト Hyde Estate

ベテラン葡萄農家が手がけるファミリーワイナリーの新星

1979年にロス・カルネロスで葡萄栽培を始めて以来、2012年に自社ブランドのワインを出すまで、良質の葡萄栽培農家として地道に努力してきたのが、ハイド・エステイト（Hyde Estate）です。近年訪れたワイナリーの中で、最も私の心が揺り動かされたワイナリーのひとつです。素晴らしい葡萄でつくったワイン、温かさが伝わるファミリーの人々。然るべきワインメーカーに醸造を託して上質のワインづくりに注力している姿勢が素晴らしいのです。

ハイド・エステイトのワイナリー玄関で。左から現オーナーのクリストファー（Christopher）＆シャノン（Shannon）・ハイド夫妻、ワインメーカーのアルベルト・ロドリゲス（Alberto Rodriguez）、オーナーの母ビータ（Beta）と父ラリー（Larry）・ハイド夫妻

ハイド・エステイトの歴史は、現オーナーのクリストファー・ハイド（Christopher Hyde）の父、ラリー（Larry）が、1979年にこのロス・カルネロスで葡萄畑を開墾したことに始まります。以来、葡萄栽培に専念していましたが、納入先のパッツ＆ホール（Patz & Hall）やブシェイン（Bouchain）のシャルドネが評判になり、その葡萄を生産したハイドへも次第に目が向けられるようになったのです。

2005年には、現在ワイナリーがある一帯の畑を買い増し、ピノ・ノワールとシャルドネを植樹しました。ハイド・エステイトとしてのデビュー商品は、このピノ・ノワールを使用した〈Hyde Estate Pinot Noir 2009〉でした。続いてリリースしたのはシャルドネのファースト・ヴィンテージ、〈Hyde Estate Chardonnay 2012〉でした。これらのワインづくりは、これまでの葡萄の納入先、パッツ＆ホールにおけるカスタム・クラッシュ（委託醸造）でした。

2017年、192エーカーの葡萄畑に囲まれ、テイスティング・ルームも備えた、現在のワイナリーがオープンしました。私を納得させたのは、ハイドの葡萄の素晴らしさを知り尽くした、元パッツ＆ホールのワインメーカー、アルベルト・ロドリゲス（Alberto Rodriguez）を招き入れたことです。これで美味しいワインをつくれないはずはありません。

クロ・デュ・ヴァル　Clos Du Val

ボルドーの名門、ラフィットのスピリッツを継承

スタッグス・リープ地区のシルヴァラード・トレイル（Silverado Tr.）沿いにあり、蔦が絡まった印象的な建物がクロ・デュ・ヴァル（Clos Du Val）です。クロ・デュ・ヴァルとはフランス語で「小さな谷の小さな葡萄畑」を意味するとのこと。最近、テイスティング・ルームを改装し、屋内のソファでゆったりと、あるいは外のテラス席で葡萄畑を眺めながらのんびりした気分でテイスティングすることもできる、斬新なワイナリーに変身しました。今このスタイルがナパヴァレーのトレンドです。

ボルドーの名門、シャトー・ラフィット–ロートシルト（Château Lafite-Rothschild）の技術長の息子、ベルナード・ポルテ（Bernard Portet）と、同じくラフィットのアメリカオフィスで広報担当をしていた従弟、ジョン・ゴレット（John Goelet）が1972年に立ち上げたワイナリーです。ボルドー・スタイルのワインづくりにはスタッグス・リープのワイナリー内の葡萄を使い、ブルゴーニュ・スタイルのワインには、1973年にロス・カルネロスに追加購入した180エーカーの葡萄畑で採れる葡萄を使用しています。

1976年のパリのブラインド・テイスティングでは、〈Clos du Val Cabernet Sauvignon 1972〉のファースト・ヴィンテージが赤ワインの8位に選ばれました。

〈Clos Du Val Estate Merlot 2015〉をクロ・デュ・ヴァルのテラス席にて。後ろはワイナリー旧本館

シレノス・ワイナリー　Silenus Winery

庭やテラスでゆったり試飲できる日本人好みの穴場

ワイン・トレインの線路を挟んで、29号線と並行して走る通りがソラノ・アベニュー（Solano Ave.）です。ナパ市からこのソラノ・アベニューを北上して、オーク・ノール地区にあるのが、シレノス・ワイナリー（Silenus Winery）です。

シレノスは、山土、砂利質、粘土質等、ナパヴァレーの土壌標本畑ともいえる場所に立地し、多品種の葡萄を栽培しています。ワイナリーをとり囲む畑からは、カベルネ・ソーヴィニヨン、カベルネ・フラン、メルロー、少し離れた畑からシャルドネを入手しています。その品質の高さは、かつてロバート・モンダヴィがこのワイナリーから葡萄を購入していたほど。

日本の皆様にこのワイナリーをお勧めする理由の第一は、これら上質なエステイト葡萄で美味しいワインをつくりながら、さほど有名でないワイナリーということ（失礼！）。もうひとつは、社長のスコット・メドウズ（Scott Meadows）さんが日本語、しかも関西弁を喋る人だということ。奥様も京都生まれの日本人です。ワイナリー横にあるテラスや庭でゆったりとワインを試飲できるのも魅力です。

シレノスのテラス席。右は社長のスコットさん

オヴィッド　Ovid Napa Valley

ナパヴァレーを見渡せる山の頂に位置する眺めのいいワイナリー

実に爽快な景色を見渡せる素晴らしい立地、それにコンクリート・タンク醸造法を早くから導入しているワイナリーがオヴィッド（Ovid）です。ナパ市からはシルヴァラード・トレイルを北上し、左折がラザフォード・ロードに入る交差点で、右折してヘネシー湖（Lake Henessey）やバリエッサ湖（Lake Berryessa）へと向かうセイジ・キャニオン・ロード（Sage Canyon Rd.）へ入ります。少し山道を登り、ヘネシー湖のボート乗り場付近、右側にロング・ランチ・ロード（Long Ranch Rd.）の入り口があります。幾つかの番地表のなかで「255」を見つけたらこれに沿って細い山道を登り、頂上付近にあるのがこのワイナリーです。テラスのデッキに座って眺める下界の景色は最高。もちろん、そのコンクリート・タンクの真価をゆっくり味わってください。

ナパヴァレーのフロア（平地）では、緑色の小さな標示板にワイナリーが記されていることが多いのですが、このオヴィッドのように山奥の一角にあるワイナリーは、その案内標示板が番地表示、それも私道共有のワイナリーや住居の番地がまとめて掲示されてる場合が多々あります。これら山中にあるワイナリーを訪れる際には、予約とともに私道名と番地を調べておくことが必要です。

オヴィッドのテラス席から
ヴァレー・フロアを眺める

コヴァート・エステイト Covert Estate

サン・パブロ湾に近い冷涼地、クームスヴィルAVAの注目株

コヴァート・エステイト（Covert Estate）は、クームスヴィルAVA（Coombsville AVA）にある、2012年に創設されたワイナリーです。最近何かと話題になるこのAVAに興味を持ち、今回縁あって訪れてみると、美味しいワインを予感させる風景が目に入ってきました。

このワイナリーが立地する場所は、サン・パブロ湾へと続くナパ川湿地帯に近く、ナパ市から続くクームスヴィル・ロード（Coombsville Rd.）からセカンド・アベニュー（2nd Av.）へ左折し、さらにシャトー・レーン（Chateau Ln.）を左折したところにあります。朝の霧が入りやすい立地で、小高い山の斜面に位置していることで陽の光もたっぷり受けることができ、土壌は水はけの良い

左は〈2013 Clone 341 Coombsville Cabernet Sauvignon〉。
下はコヴァート・エステイトでのディナー・パーティ

荒い砂利質です。このことが、葡萄の実をじっくり時間をかけて成長させる、いわゆるハング・タイム（Hung Time）の長い、酸味を保った上質の葡萄を育てることに繋がるのです。

訪れたのは5月末の午後6時。谷を挟んでジョージ山の山並みが美しい夕日に染まる景色を眺めながら、白のソーヴィニヨン・ブランから始まり、ロゼ、赤のカベルネ・ソーヴィニヨンまでいただきました。どれも美味しいワインでしたが、〈2013 Clone 341, Coombsville, Cabernet Sauvignon〉は秀逸でした。凝縮した果実のストラクチャーにエレガントさを演出する酸味が加わり、是非もう一度試したいワインです。要予約（By appointment only）です。ワイナリーへの案内表示はほぼないに等しいので、道に迷わないよう下調べが必要です。

カルネロス・デラ・ノッテ　Carneros della Notte

葡萄樹オーナー権、収穫&葡萄踏み潰し体験……ユニークな試み満載

カルネロス・デラ・ノッテ（Carneros della Notte）は、ピノ・ノワールやシャルドネの銘醸地、ロス・カルネロスの一角にあるワイナリーです。

このワイナリーはピノ・ノワール葡萄を独自のオーガニック農法で育てています。秋になるとたわわに育った葡萄の実が、水不足で半ばレーズン状になった光景を目にしますが、これは決して手入れを怠ったわけではありません。葡萄にストレスを与える目的で、枯れない程度にしか水を与えないという栽培手法なのです。こうして糖度が高く凝縮感ある葡萄を育てることで、美味しいワインが生まれます。

カルネロス・デラ・ノッテのラベルには、夜空の月が葡萄畑を照らす絵が使われています。かつてロバート・モンダヴィで、ロバートの秘書をしていたお母さんが描いた絵だそうですが、このワイナリーでは葡萄の収穫が夜に行われることから使用されています。夜に収穫するのは、葡萄の実の糖度が最も高い状態になるのが夜間だからです。

毎年9月の上旬から中旬にかけて、このワイナリーではハーベスト・パーティが開催されます。このパーティの魅力は、美味しいワインと食事はもちろんですが、参加者が自分の手で収穫した葡萄を樽に入れ、足で潰す体験ができることです。インスタ映えすること間違いなしです。

もうひとつこのワイナリーがユニークなのは、「Own a Napa Vineyard（ナパの葡萄畑のオーナーになろう）」という会員募集をしていることです。１口で

カルネロス・デラ・ノッテのピノ・ノワールと従業員エミリーお手製のエビとアヴォカド、ベイジルの前菜

１本の葡萄樹のオーナー権を得られ、葡萄樹には自分のネーム・タッグをぶらさげられます。オーナー証明書も発行され、前述のハーベスト・パーティにも参加できます。ワイナリーのオーナー、デヴィッド・ハーモン（David Harmon）が、人気ロック・バンド「ONEREPUBLIC」のリーダーを下積み時代から応援していた関係で、彼をはじめ多くの有名アーティストがこの葡萄樹オーナーに名を連ねています。

ワイ・バイ・ヨシキとロブ・モンダヴィ　Y by Yoshiki and Rob Mondavi

ワイン好き、X-JAPANのYoshikiとR.モンダヴィ孫が強力タッグ

日本のテレビで度々登場するYoshikiのナパヴァレー・ワイン、ワイ・バイ・ヨシキ（Y by Yoshiki）。Yoshikiは皆様ご存じのとおり、X-JAPANでドラムとピアノ、作詞・作曲等を担当していたアーティストです。現在、彼の活動拠点がロサンゼルスであるため、ナパヴァレーにも度々訪れ、このワインの誕生に繋がったようです。

ワインメーカーはロブ・モンダヴィ Jr.（Rob Mondavi Jr.）で、ナパヴァレー

Y by Yoshikiのワイン。上はロブ・モンダヴィJr. と彼の書斎で

を代表する人物、ロバート・モンダヴィのお孫さんにあたります。2008年に亡くなった祖父のロバート・モンダヴィは、親しい人からはロブと呼ばれていましたから、その名を受け継いだのでしょう。

ワイ・バイ・ヨシキが誕生したのは、このワインを日本に輸入販売しているワイン・イン・スタイル（Wine In Style）の社長マイケル・J・クーさんが、このカッコいい2人を会わせたのがきっかけです。クー社長はかつてロバート・モンダヴィ・ワイナリーの日本支社スタッフとして働いた経歴の持ち主です。

フランスから帰国したばかりのロブに、彼のナパヴァレーの自宅の書斎で取材する機会がありました。お会いするのは3度目でしたが、Yoshikiとの出会いや今後についてお話ししていると、かつての好青年から随分大人の雰囲気になったなあと感じ入りました。〈Y by Yoshiki Cabernet Sauvignon Oakville Napa Valley 2016〉をいただきましたが、オークヴィルの葡萄を使用しているせいでしょうか、ロバート・モンダヴィとオーパス・ワンのエッセンスが感じられる印象的なワインでした。このほかに、カリフォルニア産葡萄でつくったカベルネ・ソーヴィニヨンとシャルドネも生産、日本にも輸入されています。2019年輸入分は早々と完売したとのことです。

百花繚乱のワイナリー　Other recommended wineries

以上16のワイナリーにフォーカスしてみましたが、これら以外にも、美味しいワインをつくるワイナリー、あるいは楽しいワイナリーがたくさんあります。眺めが素晴らしい、建物が魅力的、あるいはワインづくりに関するプレゼンテーションに力を入れている、といったワインツーリズムの観点で推奨するワイナリーも含め、お勧めのワイナリーを列挙しておきます。

以下、ワイナリーを訪れるときに利用する道路に沿って順に紹介します。自治体やAVAの境界線が複雑に入り組んでいるため、見出しの地区名とワイナリーの所在地やAVAが異なる場合がありますのでご了承ください。

ロス・カルネロス地区

ロス・カルネロス地区はナパ市の南東部にあり、シャルドネとピノ・ノワールの銘醸地です。121号線沿いでは、ワイナリーをカリストガから移設して新しくテイスティング・ルームを開設したクヴェイゾン（Cuvaison）、フランスのテタンジェによるスパークリング・ワインのドメイン・カルネロス（Domaine Carneros）。ロス・カルネロス通り（Los Carneros St.）周辺では、セインツベリ

ドメイン・カルネロス

アルテサ

ー（Saintsbury)、エチュード（Etude)、セジャ（Ceja Vineyards)、2019年末にテイスティング施設をリニューアルしたシャルドネで有名なブシェイン（Bouchaine Vineyards)。ラス・アミガス・ロード（Las Amigas Rd.）沿いでは、元Acaciaをペジュー（Peju）が買い取り、２人の娘が運営する新設カルメアー（Calmére Estate)。ディーリー・レーン（Dealy Ln.）沿いのアルテサ（Artesa Vineyards & Winery）は、スペインのアンダルシア地方のカヴァ（Cava：スパークリング・ワイン）の会社コドーニュー（Codorniu）が親会社。見晴らしがよく、スパークリング・ワインやシャルドネ、ピノ・ノワールがお勧めです。

マウント・ヴィーダー地区

ナパ市の西からオークヴィルの北西部辺りまでカバーするマウント・ヴィーダー方面は、まずはレッドウッド・ロード（Redwood Rd.）からアプローチしましょう。ひたむきにワインづくりをする姿勢が素晴らしいヘンドリー（Hendry)、ぐっと山奥のマヤカマス（Mayacamas Vineyards)。その途中には、スイスのミネラル・ウォーター・ビジネスで成功したヘス・ファミリーが1978年に創設した、本格的な近代アート美術館を併設するザ・ヘス・コレクション（The Hess Collection）もお勧めです。アートコレクションが売り物で、ワイン関連よりも広いスペースに数々の美術作品を展示していますが、ワインもファンが多く、カベルネ・ソーヴィニヨンを中心に、数々のヴァラエタル・ワインを取り揃えています。

ナパ市郊外シルヴァラード・トレイル沿い

ナパ市郊外のシルヴァラード・トレイル（Silverado Tr.）沿いでは、サンジョベーゼ等イタリア系葡萄がお勧めのルナ（Luna Vineyards）、ペルシャ風の建物で目立つダリオッシュ（Darioush）は赤ワインがお勧め。ほかにブラック・スタリオン（Black Stallion Winery）、アトラス・ピーク・ロード（Atlas Peak Rd.）沿いで最近資本関係が移動したウィリアム・ヒル（William Hill Estate Winery）。

オーク・ノール地区

ナパ市の北部オーク・ノールでは、オーク・ノール・アベニュー（Oak Knoll Ave.）のトレッフェゼン（Trefethen Family Vineyards）が超大手ワイナリーとしての存在感を示し、こぢんまりしたワイナリーながら何故か気になるブラック・バード（Blackbird Vinyards）もあります。ソラノ・アベニュー（Solano Ave.）沿いには、シレノス（Silenus）。最近29号線沿いのビストロ・ドン・ジョバンニ（Bistro Don Giovanni）横にできたアッシュ＆ダイアモンズ（Ashes & Diamonds Winery）は斬新なカフェ＆バー・スタイルのワイナリー。

スタッグス・リープ地区

シルヴァラード・トレイル沿いのスタッグス・リープ地区では、シルヴァラ

オーク・ノール・アベニュー沿いのブラック・バード周辺

左上はダリオッシュ。右上はカフェ＆バー的なアッシュ＆ダイアモンズ、右下はレガシーの無人ファーマーズ・マーケット

ード・トレイルに沿って、チムニー・ロック（Chimney Rock Winery）、野菜も販売しているレガシー（Regusci Winery）、パリのブランインド・テイスティングで赤ワインの１位になったスタッグス・リープ・ワイン・セラーズ（Stag's Leap Wine Cellars）。パイン・リッジ（Pine RidgeVineyards）、ウォルト・ディズニー家のシルヴァラード・ヴィンヤーズ（Silverado Vineyards）、ユニークなワイナリー建築物のキホーテ（Quixote）。オーナーの写真の腕前はプロ並みのロバート・シンスキー（Robert Sinskey Vinyards）、丘の上に葡萄畑があるクリフ・レイディ（Cliff Lede Vinyards）、重くしっかりした赤ワインがお薦めのパラドックス（Paraduxx）。このほか、シェイファー（Shafer Vineyards）等で代

スタックス・リープ地区の葡萄畑

表されるカベルネ・ソーヴィニヨンの銘醸地らしく、美味しい赤ワインのワイナリーが多々あります。

ヨントヴィル周辺

ヨントヴィルといえばナパヴァレー最初の外資ワイナリーとして進出した、フランスのモエ・エ・シャンドン（現LVMH）のドメイン・シャンドン（Domaine Chandon）が代表格です。フランスのシャトー・ペトリュスと、イングルヌックのジョン・ダニエルが娘ロビン・レイル（Robin Lail）に残したナパヌック（Napanook）とが合弁したドミナス（Dominus Estate）。また最近オークヴィル寄りにできた、これぞワインツーリズムの権化ともいえるピアッザ・デル・ドット（Piazza Del Dotto）は、セント・ヘレナのデル・ドット（Del Dotto）の兄弟ワイナリーで、とにかく派手で目立つワイナリーです。ゲートから始まり、奥の建物のホテルのラウンジを思わせるテイスティング・ルーム、

ドメイン・シャンドン

ピアッザ・デル・ドット

庭園まで、訪れた人はその華美な装飾デザインと派手さに驚かされると思います。5種類のワイン・テイスティングが45ドル、これに4品料理がセットでついて175ドルです。ケイヴを利用した新しいプロジェクトも進んでいる様子です。

オークヴィル&ラザフォード地区

オークヴィル&ラザフォード地区には、オーパス・ワン（Opus One）、ロバート・モンダヴィ（Robert Mondavi）、イングルヌック（Inglenook）、ボーリュー（Beaulieu Vinyard）ほか、名門ワイナリーがいっぱいです。29号線沿いから紹介すると、小高い丘の上にあるカーディナル（Cardinale）、ターンブル（Turnbull）、ワイナリー写真家が始めたワイナリーのケイクブレッド（Cakebread Cellars）、セコイア（Sequoia Grove）、フランス的ワインづくりのセント・スペリー（St.Supéry Estate）、プロヴァンス風建物で女性受けするペジュー（Peju Province Winery）、小さく地味だがシャルドネの美味しいエリザベス・スペンサー（Elizabeth Spencer Winery）、住所はセント・ヘレナだが、同じく29号線沿いで日本にもファンが多いアルファ・オメガ（Alpha Omega Winery）。オークヴィル・クロス・ロード（Oakville Cross Rd.）沿いでは、カベルネ・ソーヴィニヨンに集中した品揃えのシルヴァー・オーク（Silver Oak Cellars）、ピンク色の建物が印象的でワインも美味しいグロース（Groth Vineyards）、レストランの

アルファ・オメガ

オークヴィル・クロス・ロードからの葡萄畑

プレス（PRESS）も経営する美味しいワインのラッド（Rudd）、その他にもプランプジャック（PlumpJack Winery）。シルヴァラード・トレイル沿いでは、マイナー・ファミリー（Miner Family Winery）、見晴らしの良い特別テイスティング・ルームをリニューアルしたズィーディー・ワインズ（ZD Wines）、ラザフォード・ロード交差点にあるコン・クリーク（Conn Creek）、ミュージシャンのサンタナを打ち出すスパークリング・ワインのマム（Mumm Napa）、オーベルジュ・デュ・ソレイユの上にあるケイヴが魅力のラザフォード・ヒル（Rutherford Hill Winery）。ラザフォード・ロード沿いではワインだけでなく小さな瓶に入ったバルサミコ酢も人気のラウンド・ポンド（Round Pond Estate Winery）、ワイナリー・ドッグで有名なホニグ（Honig）、メルロー他の自然派ワインで人気のフロッグス・リープ（Frog's Leap）、赤ワインで人気のケイマス（Caymus Vineyards）。

ヘネシー湖とバリエッサ湖方面

ナパヴァレー北東部のヘネシー湖（Lake Hennessey）とベリエッサ湖（Lake

Berryessa）方面に向かう128号線を軸に、デヴィッド・アーサー（David Arthur Vineyards）、オヴィッド（Ovid）、チャプレ（Chappellet Vineyard）、ニッコリーニ（Nichelini Family Winery）、コンティナム（Continuum Estate）、ナイヤーズ（Neyers Vineyards）、ジンファンデルが美味しいブラウン（Brown Estate）とグリーン&レッド（Green & Red Winery）。注意点があります。これら山奥のワイナリーに行く場合には、必ずワイナリーのある道名と番地を調べて行きましょう。山道にはワイナリー名は表示されずに番地のみで、これを頼りに細い山道を登る必要が多々あるからです。

セント・ヘレナ地区

セント・ヘレナ地区にも29号線沿いを中心に、ナパヴァレー最初の商業ワイナリーと呼ばれるチャールズ・クルッグ（Charle's Krug Winery）やベリンジャー（Beringer）など歴史ある名門ワイナリー、そして、新しくて楽しいワイナリーがたくさんあります。ジンファンデル・レーン（Zinfandel Ln.）沿いで、ワインづくりを学びつつ、美味しいワインを楽しめるワイナリーが、ジャン・シャルル・ボワセことJCB（Jean-Charles Boisset）のレイモンド（Raymond Vineyards）。29号線沿いには、壺が入り口にあるデルドット（Del Dotto）、さりげない佇まいのハイツ（Heitz Wine Cellars）、売り物のピクニック・エリアにプラスして新ワイナリーをオープンしたV.サッツィ（V. Sattui Winery）。最近E. & J. Galloグループに資本移動した名門ルイ・M・マティーニ（Louis M. Martini Winery）、メリーヴェイル（Merryvale Vineyards）、ファームステッド・レストランを併設するロング・メドウ・ランチ（Long Meadow Ranch）。これまでの女性受けする可愛いワイナリーから、銀色のウサギのモニュメントのように大きく飛躍したホール（HALL St.Helena）。セント・ヘレナの町から少し入った所にあるスポッツウッド（Spottswoods Estate）、山の上にあり見晴らしがよく手入れの行き届いた庭があるニュートン（Newton Vineyard）。セント・ヘレナの町から北寄りの29号線沿い、2929番地にあるヴィンヤード29（Vineyard 29）、創業以来継続して操業を続けているワイナリーとしては4番目に古いマーカム（Markham Vineyards）、ロードハウス29（Roadhouse 29）というレストランを併設するフリーマーク・アベイ（Freemark Abbey Winery）、トリンケロ（Trinchero Napa Valley Winery）、エラーズ（Ehlers Estate）。シルヴァラード・トレイル沿いの、カベルネ・ソーヴィニヨンやソーヴィニヨン・ブランが定評のダックホーン（Duckhorn Vineyards）、シャトー・ボーズウェル（Château Bowswell Winery）。

ホールのウサギの
モニュメント

ケイドからの
ヴァレー・フロアの眺め

ハウエル・マウンテンとポプ・ヴァレー方面

ナパヴァレーの東側のハウエル・マウンテンとポプ・ヴァレーに目を向けてみると、まず見晴らしのよいケイド（Cade Estate）、同じく見晴らしと重い味わいの赤が自慢のバーゲス（Burgess Cellars）とヴィーダー（Viader Vineyards & Winery）、ビジターは受け付けていないように見える佇まいのオーシャウネシー（O'Shaughnessy Estate Winery）とアウトポスト（Outpost Wines）、ワインも美味しいがワイナリーも素敵なラデラ（Ladera Vineyards）、いかにもアメリカの田舎らしいワイナリーの風貌と環境で美味しいワインをつくっているポプ・ヴァレー（Pope Valley Winery）。

スプリング・マウンテンとダイアモンド・マウンテン地区

ナパヴァレー西側のスプリング・マウンテンとダイアモンド・マウンテン地区は、スプリング・マウンテン・ロード（Spring Mountain Rd.）を軸に、ソノマ郡との境の山の峰にあるケイン（Cain Vineyards & Winery）、テラ・ヴァレンタイン（Terrra Valentine Winery）、しっかりしたカベルネ・ソーヴィニヨンが日本でも人気のプライド・マウンテン（Pride Mountain Vineyards）、白ワインが人気のストーニー・ヒル（Stony Hill Vineyard）。

カリストガ地区

カリストガ地区では、29号線とシルヴァラード・トレイルを繋ぐラークミッド・レーン（Larkmead Ln.）にあるフランク・ファミリー（Frank Family Vineyards）。29号線から少し山を登ったところにある、スパークリング・ワインでは味も歴史も保証付きのシュラムズバーグ（Shramsberg Vineyards）、切り

本格的石造りの城キャステロ・ディ・アモロサ

カリストガにオープンしたジラードのワイナリー

立った山の斜面にあるティーチワース（Teachworth Winery)、そして本格的石造りのお城が見もののキャステロ・ディ・アモロサ（Castello di Amorosa)。シルヴァラード・トレイル沿いの、しっかりとしたカベルネがお勧めのヴェンゲ（Venge Vineyards）とブライアン・アーデン（Brian Arden Wines)。ダナウィール・レーン（Dunaweal Ln.）では、ヨントヴィルにテイスティング・ルームを持ちつつ、最近ワイナリーをオープンしたジラード（Girard Winery)、ポストモダン建築の巨匠マイケル・グレイヴスが設計した広大なワイナリーが魅力のクロ・ペガス（Clos Pegase Winery)、トゥミー（TWOMEY Calistoga)、そしてロープウェイで山頂にあるワイナリーへ行ける楽しいスターリン（Sterling Vineyards)。カリストガを代表するタブス・レーン（Tubbs Ln.）にあるシャトー・モンテリーナ（Chateau Montelena Winery）傍のサマーズ（Summers Winery)。128号線方面には、ベネット・レーン（Bennett Lane Winery）とデイヴィス（Davis Estate)。ソノマ郡へ山越えするペトリファイド・フォレスト・ロード（Petrified Forest Rd.）の山頂付近にある、火山の硫黄が香るワインが特徴的なハンス・ファーデン（Hans Fahden Vineyards）もユニークです。

これら以外にも美味しいワインをつくり、訪れると楽しいワイナリーがいっぱいありますので、自分好みのワインを見つけてください。

ナパヴァレーのワインづくり

ナパヴァレー・ワインの特徴

現在アメリカでは、全50州でワインづくりを行っています。日本にもオレゴン州やニューヨーク州のロング・アイランドのワインが輸入され、話題にもなっていますが、全ワイン生産量のほぼ90％はカリフォルニア・ワインが占めています。やはり、カリフォルニア・ワインがアメリカ・ワインの代名詞といえるでしょう。ちなみに、カリフォルニア州のワイン生産量は、フランス全体と比べて約４分の３にあたります。このカリフォルニア・ワインのうち、わずか４％がナパヴァレー産です。ナパヴァレーのワインを葡萄品種別にみた作付面積のランキングは以下のとおりです。

①カベルネ・ソーヴィニヨン
②シャルドネ
③メルロー
④ソーヴィニヨン・ブラン
⑤ピノ・ノワール
⑥ジンファンデル
⑦カベルネ・フラン
⑧プティ・シラー
⑨シラー

カベルネ・ソーヴィニヨンやジンファンデルの葡萄は、暑い気候と水はけのよい土壌で育ち、シャルドネやピノ・ノワールは冷涼な気候を好みます。メルローは水分のある粘土質の土壌を好む葡萄品種です。これらの品種に加え、ナパヴァレーではさまざまな種類の葡萄が栽培されています。

ただし、NVV（Napa Valley Vintners）によりますと、ナパヴァレー全体の葡

ケンゾー・エステイトのカベルネ・ソーヴィニヨン

萄収穫量の47％（作付面積的には約50％）はカベルネ・ソーヴィニヨンで、NVVの会員ワイナリーの約90％は、カベルネ・ソーヴィニヨン単一かこの葡萄を主体とするワインをつくっているとのことです。ナパヴァレーのカベルネ・ソーヴィニヨン葡萄の平均価格は、カリフォルニア州全域の同葡萄の平均的価格よりも、6.6倍の値段が付くともいいます。ナパヴァレーのカベルネ・ソーヴィニヨンは上質で人気があるからです。ナパヴァレーはカベルネ・ソーヴィニヨン王国といえるでしょう。ちなみに品種名を名乗るヴァラエタル・ワインの場合は、その葡萄を75％以上含む必要があります。

ナパヴァレーのアペラシオン、またはAVA

ナパヴァレーの中をもう少し詳しく見てみます。ナパ郡をほぼ包括するのがナパヴァレーAVAです。AVA (American Viticultural Area)とはアメリカにおける葡萄原産地呼称のことで、フランスにおけるアペラシオンと同様、葡萄の栽培地域を指します。ナパヴァレーは1981年にカリフォルニア州で初めて認定されたAVAです。その後、ナパヴァレーAVAの下に16のサブAVAが認定され、現在ナパヴァレーには合計17のアペラシオンが存在します。ロス・カルネロスAVAとワイルド・ホース・ヴァレーAVAは隣の郡にまたがるAVAです。ナパヴァレーのサブAVAは、単に地域別に区分けしたものではなく、テロワールの特性が異なる地域を選別したものです。

ワイン・ラベルにAVA名を表記するためには、そのAVAの葡萄が85％以上使用されている必要があります。また、サブAVAを記載する場合には、必ず上位AVAであるナパヴァレーAVAの併記が義務付けられています。ちょっと紛らわしいのですが、ラベルに「Napa County」と記載されている場合があります。これはナパヴァレーAVAではく、ナパヴァレーAVAの北東部の外側にある地域等を指し、同郡の葡萄を75％以上使用することが条件です。

ナパヴァレーを含むアメリカのAVA規定は、栽培する葡萄の品種、栽培方法、ワインのつくり方、収穫量等を規定しているわけではないので、自由にさまざまな葡萄品種を植樹し、独自のワインづくりが可能です。この点はフランスのアペラシオンと異なる点です。

ナパ郡のAVA

1. ナパヴァレー（Napa Valley）AVA、1981年認定
2. ハウエル・マウンテン（Howell Mountain）AVA、1983年認定
3. ロス・カルネロス（Los Carneros）AVA、1983年認定
4. ワイルド・ホース・ヴァレー(Wild Horse Valley) AVA、1988年認定
5. アトラス・ピーク(Atlas Peak)AVA、1992年認定
6. オークヴィル(Oakville)　AVA、1993年認定
7. スタッグス・リープ地区(Stags Leap District) AVA、1989年認定
8. スプリング・マウンテン地区（Spring Mountain District）AVA、1993年認定
9. マウント・ヴィーダー(Mount Veeder)　AVA、1993年認定
10. ラザフォード（Rutherford）AVA、1993年認定
11. セント・ヘレナ（St.Helena）AVA、1995年認定
12. ヨントヴィル(Yountville)　AVA、1999年認定
13. チャイルス・ヴァレー地区（Chiles Valley District）AVA、1999年認定
14. ダイヤモンド・マウンテン地区（Diamond Mountain District）AVA、2001年認定
15. オーク・ノール地区（オブ・ナパヴァレー）（Oak Knoll District of Napa Valley）AVA、2004年認定
16. カリストガ（Calistoga）AVA、2010年認定
17. クームスヴィル（Coombsville）AVA、2011年認定

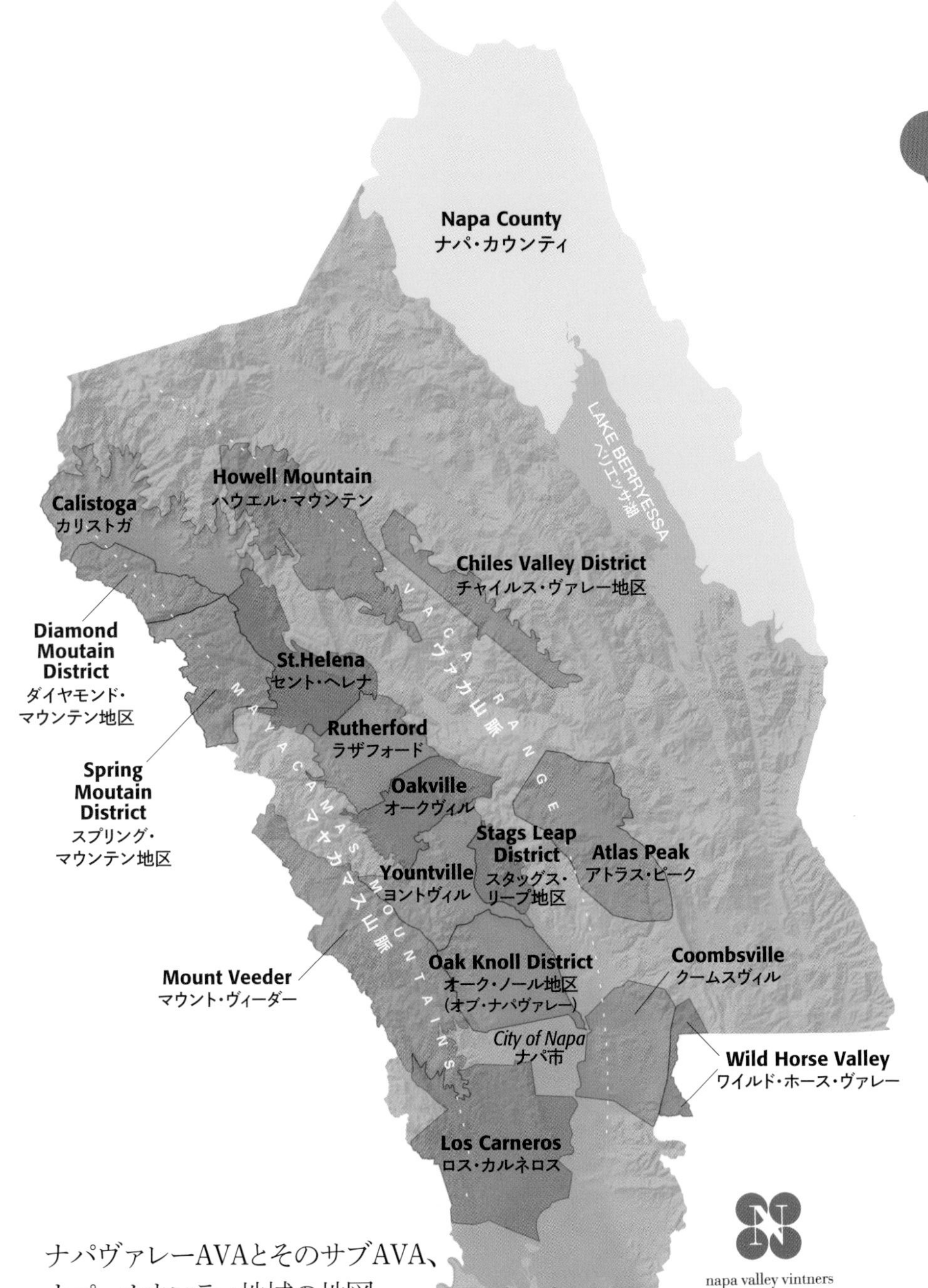

ナパヴァレーAVAとそのサブAVA、
ナパ・カウンティ地域の地図
ナパヴァレー・ヴィントナーズ提供

ナパヴァレーの土壌と気候

海と山が混ざり合ったナパヴァレーの土壌

前述のようなそれぞれのAVAを特徴付けているのはテロワールで、主に土壌と気候の違いに左右されます。ここでは、ナパヴァレー・ヴィントナーズ（NVV）の資料に沿って、ナパヴァレーを含む北カリフォルニアの大地と土壌の成り立ちを概観してみましょう。

まず、約１億5000万年前から1500万年前にかけて、大きなプレート移動がありました。太平洋プレートが北アメリカプレートに衝突して潜り込み、その後、それら２層のプレートを突き抜けて熱いマグマが吹き出し火山活動が活発になったのです。こうしてできたのがシエラ・ネバダ山脈です。この地殻変動は、北カリフォルニア一帯に、海洋性と火山性の２種類から構成される多様な土壌をもたらしました。大半は砂岩か頁岩で、地質学的にはグレートヴァレー・シーケンスと呼ばれます。これら火山性堆積物は、長い年月を経て雨で浸食され、西海岸へと流れ出て、カリフォルニアのセントラル・ヴァレーを形成します。

夕方の雲海形成中のヴァレー

構造プレートの移動はその後も続き、カリフォルニアの海岸線を複雑なものにしながら、内陸側へ侵食して海底土壌が堆積しました（フランシスカン層)。現在のコースタル山脈は、太平洋側から内陸部へ向かう地殻変動により幾重にも隆起したものです。この山々の間が、ソノマでありナパヴァレーです。その後、ナパヴァレーでは、ナパ川が氾濫を繰り返し、その土壌をさらに複雑なものへと変えていきました。

このように海と山の土が混ざり合い、さらに火山噴火と雨や川による浸食を経てナパヴァレーは形成されました。全般的に石灰質の土壌といえますが、貝殻等でできた多くのミネラル分を含む土壌、あるいは火山性の岩山もあります。ナパヴァレーの盆地の裾野は、取り囲む山から雨や川で流れ出て形成された扇状の沖積土と、堆積土が存在します。また、ナパ川およびその他のクリークの周辺には保湿性のある粘土質の土壌が堆積しています。

ナパヴァレーには世界中に存在する土壌パターンの約半分が存在し、33の土壌体系が存在するといわれます。このことが、多品種の葡萄栽培と、さまざまなヴァラエタル・ワインの産出を可能にしています。土壌と栽培品種の関係については次のように分類できます。

①河川土壌……ナパ川の河岸に堆積した粘土土壌。みずみずしく果実味豊かなワインとなる、メルロー種が適しています。冷涼な地では、ピノ・ノワールやシャルドネも適しています。

②沖積扇状地……岩まじりで水はけの良い土壌。表土が深く適度に肥沃な土地。山土壌ほどではありませんが河川土壌の葡萄よりはタンニンが強く、果実味が豊かです。カベルネ・ソーヴィニヨンやジンファンデル種に向いています。

③山土壌……斜面に張りつく表土の浅い岩まじりの土壌で、樹の育成にもストレスがかかります。この過酷な環境によって、小粒ですが、凝縮された味としっかりしたタンニン、複雑なアロマの葡萄が育ちます。カベルネ・ソーヴィニヨン種などが栽培されることが多い土壌です。

葡萄づくりに最適の地中海性気候と微気候

ナパヴァレーは、地球上に２％しか存在しない地中海性気候の土地といわれ、ヨーロッパの葡萄品種の栽培に適しています。

さらに、微気候（microclimate）という特殊な気象環境にあることも、東京都とほぼ同じくらいの広さの土地に数多くの葡萄品種の栽培を可能にしています。

例えば、ナパヴァレーは、南端から北端まで車でわずか約１時間弱、約52キロの距離ながら、日中は南と北で約4～8℃の温度差があります。また、燦々と太陽が降り注ぐ葡萄畑もあれば、スプリング・マウンテン（Spring Mountain）地区のように、軽井沢や箱根を思わせる、水苔の生えた小さなせせらぎが流れるような冷涼な地域もあります。カリストガ地区は、アメリカ西部劇を思わせる陽射しで土も乾き、温泉が噴き出しています。こうした細かい気象の差が生じる気候のことを微気候と呼びます。盆地フロアに複雑に起伏する丘陵、川とこれにつながる湿地帯、三方を取り囲む異なる環境の山々、後背地にある大きな湖と太平洋とサン・パブロ湾等がこの現象を生み出していると考えられます。

理想的な葡萄栽培、醸造とは

良質で美味しい葡萄が育つテロワール（土壌・地形・気候）の優位性をワインづくりに生かすことができるかどうかは、栽培と醸造の良し悪し、巧拙に大きく左右されます。細心の注意を払うワインづくりの工程を見ていきましょう。

① 畑づくりと手入れ

美味しい葡萄の実を育てるためには、量より質を優先して、手間を惜しまない手入れが必要です。土地に合った葡萄品種の選定、太陽の光や空気の流れを考慮した畝の設営、畝の幅や葡萄樹の間隔、キャノピー（枝）管理、病気や冷気への対応、灌漑設備と手法。また、生産量を犠牲にしても品質にこだわって葡萄の房の間引きを行います。

ナパヴァレーの自然を活用した手入れのひとつが、毎年1月後半～3月後半にかけ葡萄畑で見られる、黄色いマスタードや白いデイジーといったカヴァー・クロップス（Cover Crops）です。可憐な花を咲かせるこれらの植物は、冬の殺風景な葡萄畑を彩るとともに、畑の水分を吸収することで、葡萄樹の過剰水分摂取を防ぐのです。さらに土の中に張りめぐらされたカヴァー・クロップスの根は、ミミズ等の益虫や微生物の生息環境を整え、土壌に柔らかさを与えます。4月頃になると、これらは引き抜かれ畑に埋められて肥料になります。これらは、バイオダイバーシティ（Biodiversity)、つまり生物多様性を生かした農法で、葡萄栽培においては良く使われる手法です。葡萄畑にフクロウが生息しやすい環境を整え、葡萄樹の根を食い荒らすモグラやウサギを減らす、あるいは鷲など大きな鳥の飛来を促す環境をつくり、熟してきた葡萄の果実を食い荒らす小鳥を排除する、といったやり方も同じアプローチです。

将来のためには持続可能な畑の管理が必要です。近年ナパヴァレー・ヴィン

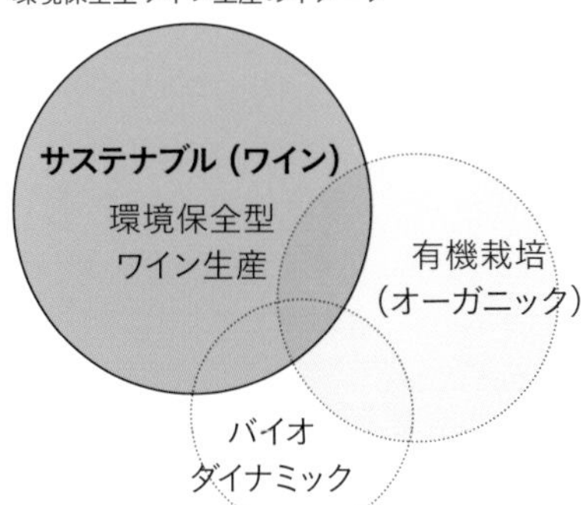

カリフォルニアにおける
環境保全型ワイン生産のイメージ

NVVのNapa Green認定畑（レイモンド）

クインテッサ前の黄色いマスタードの花によるカヴァー・クロップス

トナーズ（NVV）で推進しているナパ・グリーン（Napa Green）活動は、葡萄栽培とワインづくりの全過程が評価される厳格な環境認証プログラムで、サステナビリティ（持続可能性）の重要性に着目しています。

② ピッキング（収穫）

　適切な方法で丁寧に収穫します。日照時間や糖度を測定しつつ行うピッキング時期の判断は言うまでもありません。日射量と一口にいっても、葡萄畑の畝のある場所や、葡萄樹に育つ房の位置（上部か下部、あるいは葉の陰等）の違いで、果実の熟成度が異なります。したがって、十把一絡げに機械で収穫するのではなく、手摘みにしたほうが葡萄の質の高さ保つことができます。そして、良い果実を収穫するために、畝やブロックごとの熟成度をチェックし、腐ったりカビのついた粒は取り除き、良質で適正に熟成した葡萄の実だけをピッキングしていきます。畝やブロックごとに分けて収穫する場合もあります。ピッキングの時間帯は、果実の糖度が最も高くなる、夜から早朝にかけて行うことが

左上は、シレノスの収穫済みカベルネ・ソーヴィニヨン葡萄。右上は、ニッケル＆ニッケルの破砕後の葡萄カス除去の様子。左はヴェンゲにおける収穫した葡萄が破砕機にかけられる工程

世界で最も厳しいといわれる、ナパ郡の農業地区保全法 *column*

ナパヴァレーの葡萄畑は、下手な都会の土地よりも高いという話をよく耳にします。ナパヴァレーには、畑地の他の目的への転用、分割販売が制限され、畑地に建設する建物や住居についても厳しいルールを課した条例があるからです。1968年3月に採択された農業地区保全法（The Napa Valley Agricultural Preserve Plan）です。

ナパ郡の盆地のフロアとこれを取り囲む山の峰までのエリアを対象として、農業地区を指定し、この指定地区には税制面の優遇を与える一方、商業施設等、他の目的のための開発や転用を規制したのです。また、一定面積以下の土地の分割譲渡は家族間においても禁じ、40エーカー以下の農地に建てる建築物にも規制があります。

これは当時フランスで起きていた親子間の土地の財産分与に伴う小区画化や、カリフォルニアの他の地域で見られた葡萄畑の商業地化を防ぐために制定したものです。この法案成立に際しては、賛成派と反対派が真っ二つに分かれ、論戦が繰り広げられました。賛成側はロバート・モンダヴィと弟のピーター、ベリンジャーのオーナー、ルイ・P・マティーニ（Louis P. Matini）などです。ちなみにルイ・P・マティーニはルイ・M・マティーニの息子です。反対派は、イングルヌックを売却しバンク・オブ・アメリカのセント・ヘレナ支店長になったジョン・ダニエル Jr. でした。反対派は、行政が力ずくで個人の土地売買権を奪うことは、資本主義に反すると主張しました。しかし法案は通り、NVV創設者の１人でもあったジョンは、会員から除外され、1970年に失意の中で死去しました。

重要です。

③ 醸造

収穫した葡萄を適切に醸造過程に移します。陽がのぼり気温が上がるまでに、破砕機に入れる、あるいはそれまでの間はドライ・アイス等で冷やしておくことが肝要です。時間の経過と温度の上昇によって果実の鮮度が落ちます。加えて果実から漏れ出すフリーラン・ジュースを放置して空気に触れる時間が長くなると劣化してしまうからです。

醸造タンクに入れるときには、果梗（葡萄の実と枝の付け根の茎部分）を除去するか、あるいはあえて残すかの判断をします。また、葡萄を醸造過程に移すときに、モーター・ポンプを使用しないで、高低差を利用した重力による流れ（Gravity Flow System）を利用できるワイナリー構造が良しとされます。葡萄の種を傷つけるなどして雑味が出るからです。

醸造過程においては、熟練したワインメーカーの技術、充実した設備によっ

クインテッサのコンクリート醸造タンクに、上層階からホースで破砕された葡萄ジュースと皮が流されてくるシステム

て、細心の注意で過程を終え、適切な熟成を行います。設備面でいうと、カビ等が発生しない清潔な施設に、きめ細かい温度管理が可能なステンレス・タンクやコンクリート・タンクなどで醸造、熟成期間は適切な樽を選んでケイヴ(Cave：洞窟や蔵）で寝かしておくことになります。

④ 選別とブレンド

ブレンドとは単に異なる品種のワインを調合する場合に限られたことでなく、同じ品種の葡萄のワインでも、畑やブロック違いのブレンドをすることがあります。熟成に使用した樽に関しても、フランス産、アメリカ産といった産地やメーカーの違い、樽の内側の焼き具合等を勘案してブレンドを行う必要があります。また、その時代や市場が欲する味のブレンドという要素もあり、経験と優れた味覚と臭覚、感性が求められる工程です。

⑤ マーケティング

丁寧に仕上げた商品を消費者に届けるためには、ターゲットに合った値付け、エチケット（ラベル）デザイン、販促活動が必要です。こうした適切なマーケティングを行って、ワインは市場に出荷されることになります。ナパヴァレーの場合、ブランド産地であることが有利に作用します。

上記の、特に①〜④に大きく関与するのがワインメーカーです。ナパヴァレーにおいては、世界中のワイン生産国から優秀なワインメーカーたちが集まって来ます。ナパヴァレーは、良質の葡萄を使用でき、最新の設備があり、世界

コヴァート・エステイトのステンレス製醸造タンクと木樽

に向かって自分がつくったワインの評価を問える環境と条件が整っているからです。

これらを川下から見てみます。上記の工程を経て、コストはかかるけれど美味しいワインができたとしましょう。これを世に送り出すに際して、安価では収支は成り立ちません。価格は高いけれど、品質が高くストーリー性をもったプレミアム・ワインとして売る必要があります。それには販路を開くマーケティング力が生かせるバックボーンが重要です。ナパヴァレーのワインにとっては、ブランド産地に裏付けられた品質とストーリー性、そして何よりもアメリカの経済拠点のひとつ、シリコン・ヴァレーがすぐ近くにあることが大きな意味を持ちます。IT産業の中核があることで、大きな経済力が生まれているからです。そこで働く人たちは、ストレスの多い厳しいビジネス環境から身と心を癒すために、美味しい食事とワインには金銭を惜しまない人たちでもあります。技術革新を繰り返すIT産業に従事する人々は、既存の概念にこだわらず、ワインについてもフランス・ワインに固執しません。ロサンゼルス近郊の南カリフォルニアではなく、北カリフォルニアに多くの銘醸地が育ったことも、ここに大きな理由があるのではと考えています。天与の自然環境だけでなく、人間の営みという要素も銘醸地誕生の条件といえるでしょう。

パリのブラインド・テイスティングとその意味

ナパヴァレーのワインづくりが世界的に脚光を浴び、その知名度を飛躍的に高めた「事件」、それが「パリのブラインド・テイスティング（Judgment of Paris）」です。

アメリカ建国200年に当たる1976年５月24日、パリのインターコンチネンタル・ホテルで、フランス・ワインとカリフォルニア・ワインを取り混ぜてのブラインド・テイスティングが開催されました。イギリス人、スティーヴン・スパリュア（Steven Spurrier）が、自身が主宰するワイン・ショップ、カーヴ・ド・ラ・マドレーヌ（Caves de la Madeleine）と、当時パリで唯一のワイン・スクールであったった、アカデミー・デュ・ヴァン（Academie du Vin）のPRを目的に企画したイベントでした。

試飲するワインは、フランスはボルドーとブルゴーニュのトップ・クラスを取り交ぜた赤・白各４本、カリフォルニアは赤・白各６本のワインでした。赤はすべてカベルネ・ソーヴィニヨンかこれを主体にしたもの、白はすべてがシャルドネでした。

審査員は全員フランス人で、フランスのAOC委員会の首席審査官、グラン・クリュ・クラッセ委員会の事務局長、ワイン雑誌編集者、有名レストランのオーナー＆シェフ、三つ星レストランのシェフ＆ソムリエほか、ワイン界の重鎮ばかりでした。これら審査員にとって、ワインとはフランス・ワインのことであり、カリフォルニア・ワインと飲み比べること自体がナンセンスと、単なるお遊び気分で試飲会に臨んだようです。

しかし結果は、赤・白とも１位に選ばれたのはナパヴァレーのワインで、このほかにも多くのカリフォルニア・ワインが上位に食い込んだのです。慌てふためいたのは、この評価点を付けた審査員たちでした。自分たちがやったことはフランス・ワインを貶める国辱的行為だと即座に悟ったからです。ある者は自分の採点表を返せと主催者に詰め寄り、ある者は採点方法やワインの選び方に問題があったと、このテイスティング・イベント自体を否定しようとしたのでした。

このイベントの実施に当たり、スパリュアをサポートしたのは、当時唯一の従業員であったアメリカ人女性のパトリシア・ギャラガー（Patricia Gallagher）でした。スパリュアとギャラガーは、事前に多くのパリのメディアに案内状を

テイスティング結果順位表

白ワイン	
1位	シャトー・モンテリーナ（Chateau Montelena）1973　米
2位	ムルソー・シャルム（Meursault Charmes）1973　仏
3位	シャローン（Chalone Vineyards）1974　米
4位	スプリング・マウンテン（Spring Mountain）1973　米
5位	ボーヌ・クロ・デ・ムシュ（Beaune Clos des Mouches）1973　仏
6位	フリーマーク・アビイ（Freemark Abbey）1972　米
7位	バタール・モンラッシェ（Batard-Monrtrachet）1973　仏
8位	ピュリニー・モンラッシェ（Puligny-Montrache）1972　仏
9位	ヴィーダークレスト（Veedercrest）1972　米
10位	デヴィッド・ブルース（David Bruce）1973　米
赤ワイン	
1位	スタッグス・リープ（Stag's Leap Wine Cellars）1973　米
2位	シャトー・ムートン・ロートシルト（Château Mounton Rothchild）1970　仏
3位	シャトー・モンローズ（Château Montrose）1970　仏
4位	シャトー・オー・ブリオン（Château Haut-Brion）1970　仏
5位	リッジ・モンテベッロ（Ridge Monte Bello）1971　米
6位	シャトー・レオヴィル・ラスカース（Château Léoville-Las-Case）1971　仏
7位	ハイツ・マーサ（Heitz Martha's Vineyard）1970　米
8位	クロ・デュ・ヴァル（Clos du Val）1972　米
9位	マヤカマス（Mayacamas ）1971　米
10位	フリーマーク・アビイ（Freemark Abbey）1969　米

出し、コンタクトを取りました。しかし当日会場に来たメディアは、タイム誌（TIME）パリ駐在員のアメリカ人記者、ジョージ・M・テイバー（George M. Taber）たった1人でした。

しかしこの結果は、彼の手で本社へ打電され、小さなコラム記事として世界中のタイム誌に掲載されました。さらに各国の新聞はこの記事を取り上げ、瞬く間に世界中のワイン関係者やレストラン関係者に知れ渡ります。その反応は予想を遥かに凌ぐもので、これらナパヴァレーのワイナリーには一流レストランからのオーダーが急増しました。さらに重要なことは、この出来事がカリフォルニアのワイン生産者にとどまらず、オーストラリアやチリなどの、いわゆる新世界ワイン（ニュー・ワールド）の生産者たちにも勇気を与えたことです。

当時の様子は、ジョージ・M・テイバー氏により『The Judgment of Paris』(Scribner、2005年刊、邦訳『パリスの審判』日経BP／2007年）として上梓され、世界8カ国で翻訳出版され、2008年には『Bottle Shock』としてアメリカで映画化もされました。

私がとても幸運に思っていることがあります。それはこのパリのブラインド・テイスティングの主人公ともいえる方々全員に、直接お会いする機会に恵まれたことです。多分世界中にそうはいないだろうと誇りに思っています。

スティーヴン・スパリュア氏とは、彼が今も名誉校長を務めるアカデミー・デュ・ヴァンの東京校でお会いしました。イギリスの良家に育った穏和な表情、ワインに対する造詣の深さ、冷静かつ沈着に対処する彼の能力が、この歴史的出来事を誕生させたと思っています。現在もワインに関連する仕事に携わっているとのことです。今回も取材に対して親切な対応をしていただきました。

パトリシア・ギャラガー氏は、パリからカリフォルニアに渡り、ワイン選択

左から、スティーヴン・スパリュア、パトリシア・ギャラガー、ジム・バーレットの各氏

© Courtesy of Thomas Skovsend

左から、ウォーレン・ウィニアルスキー、マイク・ガーギッチ、ジョージ・M・テイバーの各氏

と交渉役を着実にこなした人です。現在はフランス人のご主人とともにフランス在住。アメリカ・ボストンにも家をお持ちで夏にはよく滞在するとのこと。

当時シャトー・モンテリーナのオーナーだったジム・バーレット氏とは、雑誌の取材でワイナリーを訪れて対面しました。ナパヴァレーのレストランで偶然お会いし、声をかけていただいたこともあります。このとき、「君の写真は良いよ」と笑顔で話しかけてくれたことが忘れられません。取材時に撮った写真のプリントを、後日お送りしたことを覚えていてくれたのです。残念ながら2013年に他界されました。彼のサイン入りのシャトー・モンテリーナのボトルを、今も大切に保管しています。

同じく当時のシャトー・モンテリーナのワインメーカー、マイク・ガーギッチ氏とは、ナパ市の携帯電話ショップでお見かけしたので声をかけたところ、ワイナリーへご招待していただいたのが最初の出会いです。小柄な身体にトレード・マークのベレー帽を被っていたので、すぐに気づきました。ガーギッチさんはクロアチアの貧しい家庭に生まれ、ほんの僅かなコネと可能性だけを頼りにナパヴァレーを訪れ、今日を築いた人です。そのベレー帽の下の絶やさない笑みこそ、多くの困難をクリアし、今日に至ったのだと思います。偶然が偶然を呼び、日ごろ私が懇意にしている阿久津秀敏さんがガーギッチ氏と娘のヴァイオレットさんに信頼され、ガーギッチ・ヒルズの日本アンバサダー役の名刺を持っていることを知りました。ガーギッチ家は親日家でもあります。

スタッグス・リープ・ワイン・セラーズのウォーレン・ウィニアルスキー氏は、ナパヴァレーの人々からは「教授」という愛称で呼ばれています。同氏ともナパヴァレーで偶然３、４回お会いしました。元々シカゴ大学で教鞭をとっていたという経歴の持ち主で、曖昧さを嫌い、自分の考えをハッキリ言う厳しい人という印象を持ちました。

唯一のジャーナリストとして当日現場に立ち合い、世界に情報を発信したのはジョージ・Ｍ・テイバー氏です。昨今はアメリカ東海岸とフロリダにお住まいですが、ナパヴァレーを訪れるタイミングが度々一致して、食事を共にしたり、貴重な会に出席できる機会もいただきました。私の英文の原稿とプロフィールに、自ら買って出てアドバイスいただいたこともあります。スカイプ通信を私に勧めてくださり、最初の交信は同氏からでした。あれほどのジャーナリストでありながら、フレンドリーなご対応にはただただ感謝するばかりです。

ナパヴァレーのワインツーリズム

2008年に出版した拙著『ナパヴァレーのワイン休日』では、日本で初めてワインツーリズムという視点で同地を紹介しました。ワインツーリズムの定義と、ナパヴァレーのワインツーリズムの特徴については、本書の「はじめに」でも言及しましたが、ナパヴァレーを語るうえでは絶対に欠かせない要素です。そもそもワインの魅力とは、国や地域、畑やつくり手、ヴィンテージ等による大きな違いがあることです。このワイン特有の面白さを体感できるワインツーリズムという旅のスタイルは、ワインが日常的になっている昨今、ますます盛り上がることでしょう。

ナパヴァレーにおけるワインツーリズムの背景

1976年のパリのブラインド・テイスティングを機にテイクオフしたナパヴァレーが、大きく飛躍して今日のような隆盛を迎えることができた大きな理由は、ワインツーリズムの効果的な展開にあると考えています。

以下、ナパヴァレーのワインツーリズムの発展に大きく寄与したと思われる要因を列挙してみます。

▶1966年：ロバート・モンダヴィによるロバート・モンダヴィ・ワイナリーの創設（オークヴィル）
▶1976年：パリのブラインド・テイスティング
▶1976年：V. サッツィ・ワイナリーのオープン（セント・ヘレナ）
▶1977年：ジョン・ライトを社長とするドメイン・シャンドンのオープン（ヨントヴィル）
▶1981年：第１回ナパヴァレー・ワイン・オークション実施と継続（Napa Valley Wine Auction、現Auction Napa Valley）

▶1981〜1990年：全米ネットでTV番組『ファルコン・クレスト』（Falcon Crest）放映
▶1989年：ワイン・トレイン運行開始
▶1994年：トーマス・ケラーがフレンチ・ランドリーを開業（The French Laundry、ヨントヴィル）
▶1990年代後半〜：シェフ、マイケル・キアレロ（Michael Chiarello）の料理書の刊行、ワイン関連商品の通販、テレビでの活躍
▶1990年代〜：IT産業の拠点シリコン・ヴァレーの興隆
▶1995年：米国の二大料理学校のひとつCIAグレイストーン校の開校（The Culinary Institute of America at Greystone、セント・ヘレナ）

ロバート・モンダヴィによるワインツーリズムへの着火

ナパヴァレーにおけるワインツーリズムの出発点といえるのが、ロバート・モンダヴィ（Robert Mondavi）が、1966年にオークヴィルに創設したロバート・モンダヴィ・ワイナリーです。1969年に同ワイナリーに加わったマーグリット・ビーヴァー（Margrit Biever）の存在も重要です。

左はロバート・モンダヴィ（© Courtesy of Robert Mondavi Winery）、下はマーグリット・ビーヴァー

ワイナリー設立の経緯を追ってみましょう。創設前、ロバート・モンダヴィは家族でチャールズ・クルッグ・ワイナリーを経営していました。ある日、ホワイトハウスの晩餐会用として前妻マジョリーにミンクのコート購入したことで、弟ピーターと殴り合いの喧嘩になります。母ローザと姉メアリーはピーターを擁護し、結果としてロバートはチャールズ・クルッグ・ワイナリーを出ていくことになりました。そして53歳で創設したワイナリーが、ロバート・モンダヴィです。ナパヴァレーにおける、第二次世界大戦後に誕生した本格的ワイナリー第1号といわれます。

ロバートがこのワイナリー創設にあたり、ロケーション選択と建物の設計においても、既にワインツーリズムの要素を組み込んでいたことは見逃せません。「私はワイナリーのプラン当初から、旅行者を招き入れテイスティングさせるためには、交通量の多いハイウェイ29号線沿いのオークヴィルが理想的で、潜在力のある場所だと認識していた。ナパヴァレーの真ん中に位置するこのワイナリーで、コンサートや文化イベントを開催して、多くのビジターを魅了する、私はそんなことをイメージしていた」(George M. Taber『In Search of Bacchus』より)。当時の状況については、ジョージ・M・テイバー氏の著作に詳しく、後述のジョン・ライトの部分も含めて参考にさせていただきました。

それまでのワイナリーといえば、ワイン醸造の傍ら、試飲スペースを用意し

ロバート・モンダヴィ・ワイナリーの正面玄関とモニュメント

た程度のものでした。ましてワイン醸造の場に観光客を招き入れるとか、ワインメーカーがテイスティング・ルームに出向き、客の相手をすることなどは到底考えられないことでした。しかしロバート・モンダヴィにとってのワイナリーとは、ワインをつくることと同等に、自身のワインをプレゼンテーションする場だったのです。

ロバート・モンダヴィ・ワイナリーを訪ねると真っ先に目に入ってくるのは、神父らしき人物のモニュメント像と、近代的な大きなアーチです。横にはスペイン領メキシコ時代を彷彿とさせる教会の塔もあります。これらはどれも旅行者の目を引くものですが、それまでのワイナリーでは考えられなかった設備や仕組みがあちこちに見受けられます。

アーチ横の駐車場は、大型観光バスのスペースが何台分も確保され、これにプラスして個人用の広い駐車場もあります。テイスティングを例にとっても、大小多くの試飲室、調理もできるスペース、セラーにもガラス張りの特別試飲室があり、棚にはライブラリー・ワイン（とっておきのワイン）もあります。実に多種多様な試飲室を用意しています。

ワイナリー・ツアーは現在、基本は15人までが１組です。彼らを見学させるために、醸造所から樽を寝かす貯蔵庫まで綺麗に整備しています。樽貯蔵庫脇の壁にマーグリット・ビーヴァーがお茶目な落書きを描いていますが、これは明らかに訪問客がこの場に来ることを意識して描いた絵です。

試飲料金については、現在は有料になりましたが、オープン当初はワインの試飲とツアーがセットで無料だったとのことです。これにはモンダヴィの計算がありました。一度ワイナリーを訪れた訪問客には、ワインを飲んでもらうだけでなく、モンダヴィ・ワイナリーの特使となって、友人にも魅力を伝えてくれることを望んでいたのです。彼は、ワイナリーは消費者へモンダヴィ・ワインの魅力を伝える場であると堅く信じていました。

かつてチャールズ・クリュッグでパート・タイマーとして働いたことのある、マーグリット・ビーヴァーがロバート・モンダヴィ・ワイナリーに加わったことでさらに変化が生じます。

1969年、彼女は「サマー・ミュージック・フェスティバル」を始めました。現在も恒例のイベントで、６月末から７月末までの間、モンダヴィ・ワイナリーの中庭特設ステージで行われます。

1976年には、フランスから有名シェフを招いての「グレイト・シェフ・オブ・フランス」を手始めに、ワイナリーで料理教室を開催します。その後「グ

With warm regards,

Margrit Mondavi

ROBERT MONDAVI WINERY
POST OFFICE BOX 106　OAKVILLE, CA 94562
TEL 707.226.1395

東日本大震災後の2011年５月、マーグリットが私に送ってくれた手紙に、彼女自ら描いた一輪のバラの絵が添えられていました

レイト・シェフ・オブ・アメリカ」と続き、アリス・ウォーターズ（Alice Warters）、ウルフギャング・パック（Wolfgang Puck）などの、アメリカの花形シェフと人気料理研究家を招き料理教室を開催します。これには多くのリピーター参加者が出て、「食の不毛の地」と呼ばれた、当時のナパヴァレーを刺激しました。この流れは、ドメイン・シャンドンのレストラン、トーマス・ケラーのフレンチ・ランドリーへと繋がっていきます。

ロバート・モンダヴィは、ワイナリーを文化の発信地ととらえていました。

1981年、第１回ナパヴァレー・ワイン・オークション（Napa Valley Wine Auction、現 Auction Napa Valley）が開催されます。その前年、ロバート＆マーグリット夫妻になっていた２人に、セント・ヘレナ病院建設のための、チャリティ・テイスティングの話が持ち込まれたのです。２人は、ブルゴーニュで1859年来続いている「オスピス・ド・ボーヌ・オークション（Hospices de Beaune auction）」をヒントに、チャリティ・イベントをリゾート施設メドウッドで実施しました。実行はナパヴァレー・ヴィントナーズが受け持ち、実行会長はこの年のナパヴァレー・ヴィントナーズ（NVV）名誉会長となった、ルイ・マティーニが務めました。このオークションはナパヴァレーの恒例行事となり、信じられない高値で落札されるワインや高級リゾートにおける華麗なパーティが全米中のメディアで報じられ、ナパヴァレーの高級感に溢れたイメージを醸成する一役を担いました。

その後も２人は、ナパ市のコピア（COPIA：ワインと食と芸術のためのミュージアム）をはじめ、オペラ・ハウス（現在：Blue Note Napa）の発足など、多くの文化事業にも貢献し、田舎のワイン・カントリーを、都会の人々までもが憧れる、食と芸術が溢れるカントリーに変貌させました。

ロバート・モンダヴィは2008年に94歳で亡くなり、マーグリット・ビーヴァー・モンダヴィは2016年に91歳の生涯を閉じました。

ジョン・ライトによるワインツーリズムの推進

1973年、フランスのモエ・エ・シャンドン（後にモエ・エ・ヘネシー、LVMH）が、ドメイン・シャンドン（Domaine Chandon）の社長に任命したのは、ジョン・ライト（John Wright）でした。

ブルゴーニュのエペルネーに本社があるモエ・エ・シャンドンは、カリフォルニアへの進出に際して、アメリカにおけるワインの将来性、ナパヴァレーの葡萄の品質など、あらゆる角度から調査を進めます。アメリカでこの調査を受けもったのはアーサー・D・リトル社で、その担当研究員がジョン・ライトでした。その数々の的確な提案が評価され、社長を託されたのでした。

提案の一つは、ワイナリーをヨントヴィルに設置することでした。観光客がナパヴァレーを訪れる場合、一般的には29号線を利用するのですが、ヨントヴィルまでは片道二車線に整備されているので（ヨントヴィル以北は片側一車線）、観光客はヨントヴィルまでは気軽に足を運ぶであろうと判断したのです。

こうしてナパヴァレーへ進出した外資系第１号のワイナリーとして、1977年

ドメイン・シャンドンの初代社長ジョン・ライト（© Courtesy of Chandon）とドメイン・シャンドンのスパークリング・ワイン

４月にオープンしたのがドメイン・シャンドン（Domaine Chandon）です。
ワイナリーのオープンに際しても、ライトはこれまでのワイナリーでは見られない、幾つかの新しいマーケティング手法を講じました。
当時のナパヴァレーにおけるワイン・テイスティングといえば、一般的には無料か、３ドル程度の試飲料は徴収するものの、試飲に使用したロゴ入りグラスを土産として持って帰ってもらうのが常識でした。しかしドメイン・シャンドンは、高級イメージの「テイスティング・サロン」と名付け、５〜７ドルくらいで３〜５種類のスパークリング・ワインを試飲させるスタイルにしました。
使用するグラスは、これまでは平たい円盤形グラスにステム（脚）がついた、いわゆるクープグラスが主流でした。しかし、ドメイン・シャンドンでは、スパークリング・ワインとしか呼べないカリフォルニアの泡ワインに、新しさを強調するために細長いフルート型グラスを採用します。今ではこれが一般的になりましたが、ただドメイン・シャンドンにとって困ったことは、この珍しいグラスを持ち帰る客が後を絶たなかったことです。実は90年代に訪れた私もその１人でした。
ドメイン・シャンドンでは、スパークリング・ワインの製造工程を説明するミュージアムも併設しました。
行政をも巻き込む結果となった大騒動はレストランの設置です。ナパヴァレーでは1968年に農業地区保全法が制定されたばかりで、農業地区に指定された土地は商業目的には転用できなくなりました。しかし条例制定のわずか９年後、農業保全区にあるドメイン・シャンドンだけを、「計画開発特別地区」に変更し、レストランの営業が可能になったのです。ナパヴァレーに一軒ぐらいはまともなレストランがあっても良いのでは、というのがナパ郡行政の判断です。当初はドメイン・シャンドンのレストランとして営業、後にエトワール（Étoile）と名を変更します。
1983年に始めたワイン・クラブも、シャンドンが初の試みでした。会員登録さえしておけば定期的にワインが自宅に配送され、イベントの招待状も届くシステムです。後に売り上げの25％を占めるまでになりました。

ワインツーリズムの進化と展開

ダリル・サッツィ（Daryl Sattui）が、1976年にセント・ヘレナでオープンしたデリカテッセンにワイナリー要素を付加したV. サッツィ・ワイナリー

上はV. サッツィのピクニック・エリア。左は『ファルコン・クレスト』の撮影の舞台となりスプリング・マウンテン・ヴィンヤード

(V.Sattui Winery) も見逃せません。観光客も地元住民も、平日休日を問わず気軽にピクニックを楽しめるワイナリーができたのです。29号線を通過する人たちにわくわく感を与える、家族で楽しめるワインツーリズムといえます。

1981年から1990年にかけて、全米ネットで放映されたTV番組『ファルコン・クレスト (Falcon Crest)』も、ナパヴァレーのイメージづくりに寄与しました。華やかな上流階級を描くドラマの舞台になったワイナリーに多くの視聴者が押し寄せ住民の反感を買うというマイナス面も生じましたが、これこそ、ナパヴァレーのワインツーリズムの典型的な例といえるでしょう。

1989年に運行を始めたワイン・トレインは、移動を楽しむワインツーリズムといえるでしょう。ワインと食事を満喫しながらゆっくりと葡萄畑を通り抜ける観光列車で、ロココ調の古めかしいものから見晴らしの良いヴィスタタイプのものまでさまざまなタイプの車両があります。老若男女を問わず、ワインを飲めない人も楽しめるアミューズメントとして、ナパヴァレーのワインツーリズムに広がりをもたらしました。

column

ナパヴァレーのワイナリーが連続TV番組の舞台に

サンフランシスコの銀行家の息子、ティバチオ・パロット（Tiburcio Parrott）はスプリング・マウンテンにスプリング・マウンテン・ヴィンヤード(Spring Mountain Vineyard)を、1885年に創設しました。優雅なヴィクトリア調の建物は、ベリンジャーのラインハウスを建築した、アルバート・シュロファー（Albert Schroepfer）によるものです。

その後1974年、このワイナリーはマイク・ロビン（Mike Robin）の手に渡ります。彼は、後にモナコの王妃となったグレース・ケリーと若いころ付き合っていたことで知られています。当初、彼は不動産業の傍ら電話でワイナリーに指示を与えるオーナー経営者でした。ワインメーカーのアンドレ・チェリチェフのアドバイスを得つつ、ロバート・モンダヴィに機材を借りたりして、２年後のパリのブラインド・テイスティングでは〈Spring Mountain 1973〉は白ワインの４位に選ばれます。

1981～1990年にかけて、このワイナリーはCBS全米TVネットの番組『ファルコン・クレスト』(Falcon Crest）の撮影の舞台となりました。石油財閥一族を描いたテレビ番組『ダラス（Dallas)』をワイナリー一族に置き換えたようなドラマでした。設定が、ミラヴァレにあるファルコン・クレストというワイナリーであったことから、スプリング・マウンテン・ヴィンヤードでもこのドラマに便乗し、〈Miravalle〉と〈Falcon Crest〉というワインを売り出しました。これに敏感に反応したのは主婦たちで、休日になると多くの視聴者がワイナリーに押し掛けたといいます。しかし、観光客のマナーの欠如と生活権侵害ともとれる行動は、マイクの家族を困惑させ、ナパヴァレー住民の反発も買ってしまいました。

当時のアメリカでは、主婦をターゲットにするこの種のTVドラマは、洗剤メーカーが番組を提供するのが常であったことから、「ソープ・オペラ」と俗称が付けられました。

1994年には、トーマス・ケラーがヨントヴィルに「ザ・フレンチ・ランドリー（The French Laundry）」を開業します。これが3つ星レストランとなり、ナパヴァレーは「美食」においても脚光を浴びはじめます。

甘いマスクをしたシェフ、マイケル・キアレロ（Michael Chiarello）の存在も見逃せません。セント・ヘレナのレストラン「トラヴィーン（Tra Vigne）」を手始めに、2001年からはTVの料理番組にも進出、2003年からは幾つかのレギュラー番組を持ちつつ料理本を数冊出版。ワイン・カントリーをコンセプトとして、NapaStyleというブランドで、食材と生活雑貨の通信販売も始めました。これらは、センスの良い美食のカントリーとして、ナパヴァレーの名を全米に知らしめる一翼を担いました。

マイケル・キアレロ

1995年、アメリカの二大料理学校のひとつとして、セント・ヘレナに開校されたCIAグレイストーン校（The Culinary Institute of America at Greystone）も忘れてはならないでしょう。この学校には、世界中から料理とワイン（2010年から）のプロを志す人々が集まり、アカデミックな面でナパヴァレーのワインツーリズムを盛り上げています。

CIAグレイストーン校

ナパヴァレーのワインツーリズムの現状

近年のワイナリーの特徴は、テイスティング・ルームのサロン化と、1990年に制定されたワイナリー定義条例に抵触するかしないかの、ギリギリを感じさせるワイナリーの出現です。

By Appointment onlyでワイン・テイスティング客を受け付けるワイナリーが増えているのも近年の傾向です。これらのワイナリーでは、不特定多数の訪問者を対象とするわけではないので、量より質の対応をします。その一例が、これまでのカウンター越しのスタンディング型ではなく、広々としたラウンジのソファ、あるいは眺めの良いテラス席等での試飲です。現在ナパヴァレーではこの傾向が続き、従来のテイスティング・ルームを改装して、特別テイスティング・ルームを設けたり、リニューアルするワイナリーも多く見かけます。いずれもゆったりとワイン・テイスティングを楽しめるものですが、試飲料もそれ相応の料金になる場合もありますので、予めチェックしましょう。ブシェイン（Bouchaine）、クヴェイソン（Cuvaison）、クロ・デュ・ヴァル（Clos du Val）、ズィーディー・ワインズ（ZD Wines）などがその代表例でしょう。

もうひとつの動きは、ナパ市やヨントヴィル等の、観光客が多く集まる所に誕生している、セラーとかサロンを名乗る、ワイン・サロン的な性格の店の存在です。これらの中には独自の醸造所を持たない、あるいはクック・パッドと呼ぶ既存ワイナリーへ製造委託する店がほとんどで、ワイン・バーのサロン化と理解すべきかもしれません。

最後に、ワインツーリズムを盛り上げる主要イベントを2つと人気の観光事業を紹介しておきます。

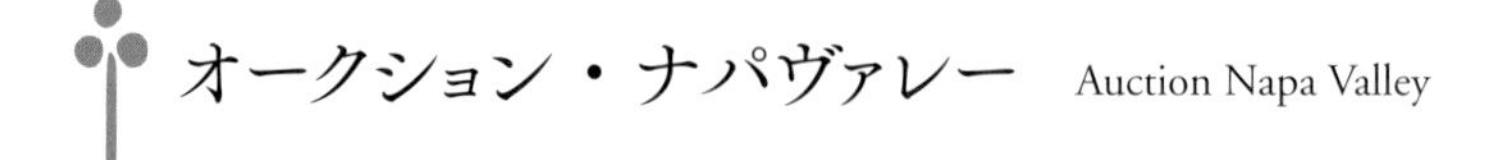

オークション・ナパヴァレー　Auction Napa Valley

ナパヴァレー最大のイベント、あるいはナパヴァレーNo.1のワインツーリズム・イベントと呼べるのが、オークション・ナパヴァレー（Auction Napa Valley）です。その歴史や規模、チャリティーという目的等、何をとってもナパヴァレーを代表するものです。このイベントを目的にして、全米にとどまらず世界各国から観光客が訪れます。ナパヴァレー挙げてのお祭りの感があります。

紛糾したワイナリー定義条例 *column*

ワイナリー定義条例（Winery Definition Ordinance）は1990年１月に条例第947号として採択されました。このナパ郡の条例では、ワイナリーとは、「⑴葡萄ジュースを醗酵してワインにする工程、もしくは⑵スティル・ワインをスパークリング・ワインに再醗酵する農業工程の施設」と定義されました。また、スティル・ワイン、あるいはスパークリング・ワインに関して、75％以上はナパ郡内で栽培した葡萄を使用することも併記されました。

なぜこのような定義が必要とされたのでしょうか。それは、この頃ナパヴァレーのワイン産業は拡大を続けていて、Ｔシャツやその他の物品販売、音楽祭を開催するワイナリーも出てきて、農地の利用を目的とするナパ郡の農業地区保全法との齟齬が目立ち、ワイナリーの定義と制限を明確にする必要があったためです。この条例により、ワイナリーの出資者を招いたパーティは認められたものの、ワイン以外の物品販売、ワインづくりとは関係のない結婚式等のイベントは規制の対象になりました。

この条例の成立に真っ向から反対したのは、ロバートの長男マイケル・モンダヴィを筆頭とする、ワインをつくり販売する側の人たち、支持する側にまわったのは葡萄栽培家たちでした。1988年の地方選挙において、双方の陣営は代表議員を送り込み、ナパヴァレーは真っ二つに分かれて戦いました。

ちなみにこの条例には、「1974年７月31日以前に創業したワイナリーに対しては、すべての活動を合法とする」との例外措置の記載があります。1974年以前に活動を始めていたワイナリーいえば、ロバート・モンダヴィのほかほんの一部で、ほとんどのワイナリーは該当しませんでした。この条例が適用された例として、カリストガにある城のような石造りのワイナリー、カステロ・ディ・アモロッサ・ワイナリーにおける、キリスト教のミサ活動を止めさせたケースがあります。

きっかけは1980年、ロバート＆マーグリット・モンダヴィ夫妻が中心となった、病院の建設資金集めのワイン・テイスティング・イベントでした。

第１回の1981年度は、「ナパヴァレー・ワイン・オークション（Napa Valley Wine Auction）」という名で、当時のナパヴァレー・ヴィントナーズ（NVV）名誉会長、ルイ・P・マティーニ（Louis P. Martini）の指揮の下、メドウッドで実施されました。以来2019年５月で39回となりますが、徐々に規模も拡大し、2018年までの累計で、１億8,500万ドル（約200億円強）の寄付金を集めたのことです。

2019年度のバレル・テイスティングでも、参加ワイナリー、協賛レストラン・ブース、それに実行組織NVVも、手慣れた運営を行っていました。ナパヴァレーのワイナリーのワインを、限られた時間と費用で試してみたいというかたには、お勧めのイベントです。

毎年５月の最終週か６月第１週目のどちらかの、木・金・土の３日間にわたって行われます。2019年度を例に、概要をご説明しましょう。

◉第１日目

・Vintners Welcome Parties（木曜日18:00～）

前夜祭パーティーの位置づけで、NVV会員の幾つかのワイナリーで行われ、毎年持ちまわりです。立食形式のものから着席ディナーまで、形式はホスト・ワイナリー次第です。一般の飛び入り参加は不可です。

◉第２日目

・Napa Valley Barrrel Auction（金曜日11:00～16:00）

その年のホスト・ワイナリーで行われる、大規模なバレル・テイスティング会です。2019年はルイ・M・マティーニ・ワイナリー（Louis M. Martini Winery）で行われました。厳密にいうと、醸造・熟成したままの樽からのワインではありませんが、各ワイナリーとも美味しいワインをふるまってくれます。運が良ければワインメーカーやオーナーにも会えます。2019年度は112のワイナリーが試飲ブースを出し、26の有名レストランによるカナッペを楽しめました。気に入ったワインは、オンライン・オークションで落札に参加出来ます。

オークション・ナパヴァレーの
ヴァレル・テイスティング会場

これが一般の方には一番参加しやすいオークションです。

・**Vintner-Hosted Dinners**（金曜日18:00～）

NVV会員の任意のワイナリーが催すディナー・パーティです。一般の方は参加できません。

◉第3日目

・**Live Auction Celebration**（土曜日14:00～21:00）

毎年高級リゾート施設メドウッド・ナパヴァレーで行われる食事とショー、

オークション・ナパヴァレーのライブ・オークションの会場となるメドウッド

そしてビッド・パドルを手にして落札を競う生のオークションです。華々しい会場と料理、参加者の思いっきりオシャレした華麗な服装が目を引きます。最高価格を競う約30ロットは、各ワイナリー自慢のワインと海外旅行招待等が付いたものです。

・**After-Party at The Charter Oak**（土曜日21：00頃～）

今、人気沸騰のメドウッド関連のレストラン、チャター・オークで行われました。

・**Live DJ+Dancing**（土曜日深夜）

DJによる音楽に合わせて踊れる大人の時間帯プログラムです。

オークション・ナパヴァレーに参加するには、毎年１月末からNVVがその年度のナパヴァレー・オークション募集を開始する（一部前年からの発売もある）ので、それに合わせてインターネットで申し込む必要があります。2019年度を例にとると、豪華なリゾート施設の３泊付きのフルパッケージで２万ドル（カップル）、バレル・テイスティングのみの500ドル（１人）等、４～５種類の参加メニューがあります。

オークション・ナパヴァレーのヴァレル・テイスティング野外会場

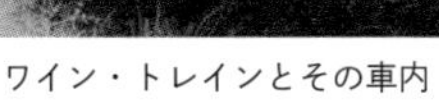
ワイン・トレインとその車内

ワイン・トレイン　Wine Train

サンフランシスコに生まれ、瓶詰マカロニ食材で成功を収め、その後ギラデリー・チョコレートのオーナーにもなった、ヴィンセント・デドメニコが74歳のときに創業しました。住民の反対運動に合ってほぼ10年近く議論され、連邦裁判所で運行が承認されました。かつてのサザン・パシフィック鉄道の路線の一部を買い取り、観光列車ワイン・トレインとして走らせたもので、デザート以外は、すべて車両内で調理されたコース料理が供されます。

ボトルロック・ナパヴァレー　BottleRock Napa Valley

野外の音楽イベントがボトルロック・ナパヴァレー（BottleRock Napa Valley）です。2013年の第１回以来、2019年で第７回目を迎え、出演アーティストのレベルもイベントの運営も安定し、ナパヴァレー恒例イベントのひとつになった感があります。開催時期を、オークション・ナパヴァレーの直前に設定したことも、成功の理由に挙げられるでしょう。

2018年にはブルーノ・マーズ（Bruno Mars）、2017年にはマルーン５（Maroon 5）、2016年にはスティーヴィー・ワンダー（Stevie Wonder）が出演、今ではアメリカでも注目のロック・フェスといえます。2019年５月24日（金）から26日（日）までの３日間、ナパ市のNapa Valley Expo野外広場で繰り広げられた、第７回ボトルロック・ナパヴァレーを取材しました。

まず驚いたのは、入場チケットが随分前からSOLD OUTになっていたこと。３日間通しのVIP席チケットは、売り出し価格で１枚約20万円もするのです。

広いExpo野外会場には大小（小でもかなり広い）５ステージが設営され、各ステージとも５～７組のアーティストが、毎日正午から演奏を始め22時きっかりに終了します。今年の目玉アーティストは、ワンリパブリック（ONEREPUBLIC）、イマジン・ドラゴンズ（Imagine Dragons）、ニール・ヤング（Neil Young）、サンタナ（SANTANA）他、計97バンドが登場し、1日20万人、３日間で60万人が盛り上がりました。

60万人といえば、日本では大きめの市に相当するくらいの規模ですが、これでもアメリカ各地のロック・フェスとしては、小ぶりのものらしいです。しかし、会場で販売する食物とワインに関しては、「アメリカでもずば抜けてトップ・クラスのもの」とは広報担当モンティ（Monty）さんのコメントです。確

ボトルロックのメイン会場

かに会場のイートイン・コーナーには、トーマス・ケラーのアド・ホック（ad-hoc）やブション・ベイカリー（Bouchon Bakery）、料理の鉄人・森本正治さんのMorimoto Napaなどナパヴァレーの有名レストランが多く出店していました。

私が特に感銘を受けたことは、PAや照明等のライブ運営はもちろん、入場システム、会場整備、警備態勢、救急看護態勢、プレス対応等、いずれを取っても非常に手慣れた運営であったことです。ゴミ箱の配置、暑さを凌ぐミストの散布、随所に設置した飲料水の補給所、衛生と健康面への対応、出展者の食べ物の衛生管理、どれをとっても最高レベルの充実度でした。当初はナパ市かNGO主催の街おこしイベントと思っていましたが、主催者は、ラティテュード38・エンターテインメント・パートナーズ（Latitude 38 Entertainment Partners）と名乗る、ナパ市に生まれ一緒に小学校に通ったNapan（ナパっ子）３名が、イベント会社、ライブ・ネーション（Live Nation）と組んで実施した全くのプライベート・イベントだと知り驚きました。

ちなみにダウンタウンのメイン・ストリートにある、メキシコ料理店、グラン／エレクトリカ（Gran／Eléctrica）等は、アフター・ボトルロックの店として、毎日ライブの終了後、夜遅くまで営業しています。東京で働いたこともある日本人びいきのオーナー、タメール・ハマウィ（Tamer Hamawi）がDJもこなしています。

ボトルロックの
イートイン会場

美食の
ワイン・カントリー

ワインツーリズムの新しい息吹に呼応して、新鮮な食材と優れたワインがあり、そして美食にお金を惜しまない人々が訪れるこの地に魅せられたシェフたちがレストランを開いていきました。その第一人者といえるのが、シェフのトーマス・ケラーと彼がヨントヴィルに開業したレストラン、フレンチ・ランドリー（The French Laundry）です。

1992年、ナパヴァレーを訪れたトーマス・ケラーは、ヨントヴィルにひっそり佇んでいた建物を一目で気に入り居抜きで購入。1994年にフレンチ・ランドリーをオープンし、すぐに脚光を浴びて世界に知られる３つ星レストランへ上りつめました。以後、ヨントヴィルは美食の町へと育ち、ナパヴァレーの名を全米のみならず世界に知らしめることになります。

成長をつづけるワイン・カントリー、ナパヴァレーに集まってきたシェフたちは、今も互いに切磋琢磨して、レベルの高い料理を提供しています。

フレンチ・ランドリー　The French Laundry

予約がとれないレストランの筆頭、ナパヴァレーが誇る至宝レストラン

フレンチ・ランドリーの建物は、個人の住まいとして1900年に建設されました。その後、この石造りの家は持ち主を転々と変えていきます。始めは近くにあるベテランズホーム（退役軍人施設）の滞在者を相手にした娼館。その後フランス式のクリーニング店へと変わり、次に入居したのはドン&サリー・シュミット夫妻（Don & Sally Schmitt）が1978年に始めた食堂でした。料理係のサリーと接客担当ドンの２人で切り盛りするこぢんまりした店で、以前そこで営まれていた店にちなみ「フレンチ・ランドリー」と名付けられました。この建物を店名ごと受け継いだのがトーマス・ケラーです。

左上は、フレンチ・ランドリー前にある同レストランのバイオダイヴァーシティを生かした畑。右上はテーブルに置かれたウエルカム・カード。左は正面の入り口

フレンチ・ランドリーを初めて訪れてから約25年になりますが、今も私にとっては最高のレストランです。この店では、３ヶ月前から予約を受け付けますが、受付開始早々から電話は話し中が続き１～２時間で席が埋まってしまいます。俗にいう予約の取れないレストランとしても有名になりました。

Magical Spice

フレンチ・ランドリーの魔法のスパイス

JUN HAMAMOTO

濱本 純

(『FINESSE』創刊号の記事を要約)

シェフ、トーマス・ケラーは、彼の料理本『The French Laundry Cookbook』の中で、ナパヴァレーの魅力を、「It is American Bounty itself 」(ナパヴァレーはアメリカの豊かな恵みそのもの) と述べています。

私も彼と同様にこの地に魅せられて、フレンチ・ランドリーと出会いました。

最初に訪ねた時は、昼間に場所の下見をしていたのに、夜、約束の時間に到着すると、蔦が絡んだ建物、わずかな明かりしかない佇まいのせいか、迷ってしまったことを覚えています。しかし何とか店に入り、テーブルの料理を前にすると、都会的で斬新な料理に驚いたものでした。当時は、料理数の異なる2つのコースがあり、2つないし3つのテーブルに対して1人のホール係が対応していた記憶があります。

彼が素材選びや下ごしらえに、念入りに時間と労をかけるのは周知の事実ですが、客が料理を口にする直前にも、魔法のスパイスをふりかける演出を行います。それは、キッチンのシェフとホール係の1秒を争う連携プレイによって実現します。キッチンの壁の時計の下に掲げられたボードの「Sense of Urgency (切迫感)」という言葉がよく物語っています。意訳すれば「スピード感を持て!」とでもいえるでしょうか。

ホール係は客の食べるペースと次の料理の進行具合を意識して機敏に動くことで、単に料理の温度が保たれるだけでなく、テーブル上の魔法のスパイスの演出を可能にするのです。ウイットに富んだメニューのタイトル、目に訴えるエレガントな盛り付け、香りと匂い、味覚と食感、これらに加えて、テーブルから聞こえる美味しさに絶句するため息や「Wow!」という感嘆の声。同伴者や隣のテーブルの声を耳にすることで、料理

の素晴らしさを互いに確認し、今フレンチ・ランドリーのテーブルを囲んでいるという幸せを改めて感じ入ることになります。この、一見料理とは関係なさそうな「感嘆」を引き出す工夫が「Sense of Urgency」により可能になるのです。トーマスは、オーケストラの指揮者のように、調理から給仕まで総合的に組み立てているのです。

食事を終えてフレンチ・ランドリーから出てくる人々を見ると、同伴者と語らいながら笑顔を浮かべて出てきます。話の内容を聞いたわけではありませんが、その満足げな表情がすべてを物語っています。翌日ワイナリーでたまたま出会った人にフレンチ・ランドリーの話をすると、矢継ぎ早にあれこれ聞かれ、人の輪ができてしまいます。まるで昨夜ハリウッド・スターとデートしたような気分です。

いまや、トーマス・ケラーその人が 「アメリカの豊かな恵みそのもの」を体現し、食を通じて人々に感動を与え続けているのです。

フレンチ・ランドリーが発行する雑誌『FINESSE』の創刊号に、唯一の外国人として寄稿しました。発刊後、各界からびっくりするほどの反応をいただき、以後この記事は、私のアメリカにおける取材活動のパスポートにもなりました。この記事執筆の際、大変うれしくありがたかったのは、『Judgment of Paris』の著者、ジョージ・M・テイバーさんが、英文原稿のチェックを自ら引き受けてくださったことです。

ラ・トーク La Toque

自慢のモダンカリフォルニア料理、ペアリングメニューも人気

ナパ市の高級ホテル、ウエスティン・ヴェラサ・ナパ（The Westin Verasa Napa）のメイン・ダイニングです。前身は、ラザフォードのランチョ・ケイマス・イン（Rancho Caymus Inn）に併設されていたレストランで、当時は、典型的なフランス料理のコースに、ワインのペアリングを行っていました。美味しいのですが、古典的なフランス料理ゆえの濃厚なソースと一品一品の量の多さに、少々軽やかさに欠ける印象もありました。その店が、2008年８月の同ホテルのオープンに合わせ、料理もリニューアルして移転してきました。

料理はどう変化したでしょう。メニューは、９品からなる「Chef's Table Tasting Menu」、５品の「Five Course Tasting Menu」、４品の「Four Course Tasting Menu」の３種類のコースを設定、プレートはカリフォルニア料理寄りの軽さとモダンさが加味され、ポーションも小さく多品種の料理が出るようになりました。率直にいうと、フレンチ・ランドリーをかなり意識しているように感じます。ワインとのペアリングメニューは以前同様で、結果としてとても楽しめるレストランになりました。何よりも、ウエスティン・ヴェラサ・ナパ内にあるので、泊まっていれば帰りのことを気にしなくて済み、予約に悪戦苦闘する必要もありません。お勧めのミシュラン星付きのレストランです。

チャーリー・パーマー・ステーキ Charlie Palmer Steak

肉の品質に絶対の自信あり、全米を代表するステーキ店

ナパ市のファースト・ストリート（1st.St.）沿いに建つアーチャー・ホテル（Archer Hotel）の１階と最上階のルーフトップ・バー（Sky & Vine® Rooftop Bar）にあるのが、チャーリー・パーマー・ステーキ（Charlie Palmer Steak）です。とにかく肉の美味さが圧倒的に違います。午後３時から営業するルーフトップから見渡す眺望は格別です。

チャーリー・パーマーはニューヨークでキャリアをスタートさせた有名シェフで、このステーキハウスはほかに、ワシントンD.C.、ニューヨーク、ラスヴェガス、リノにも展開しています。また、ナパ郡の隣のソノマでは、ホテル・ヒルスバーグ（Hotel Healdsburg）の共同経営者として、メイン・ダイニング

上はラ・トークのコース料理のひとつ。右はチャーリー・パーマー・ステーキのハンバーガー。下はアーチャー・ホテルのルーフ・トップ席

のドライ・クリーク・キッチン（Dry Creek Kitchen）のオーナーシェフもしています。

ビストロ・ドン・ジョヴァーニ　Bistro Don Giovanni

葡萄畑に囲まれた好立地のカリフォルニア・イタリアン

美味しいレストランの相談を受けた時には必ず教えるカリフォルニア・イタリアンの名店が、29号線沿いのオーク・ノール地区にあります。1993年３月に開業、安定した味のイタリアンを食べることのできる、葡萄畑に囲まれたレストランです。カジュアルながら洗練された室内、アウトドア席も昼夜を問わず魅力的です。オーナーもスタッフもとても気さくです。

私は行くと必ず、前菜にはフリット・ミスト（Fritto Misto、イカフライ）をオーダーします。いわゆるカラマリ（イカ）のフライですが、この店ではハーブ野菜と一緒にカラッと揚がって出てきます。キッチンにはこの料理専門の担当者がいるくらいの人気料理です。パスタは生パスタで、ピザも美味しいですが、ラヴィオリもお勧めです。ソースはトマト・ソースとレモン・クリームの２種類から選びますが、半分ずつというリクエストにも応じてくれます。ステーキもお勧めです。この店の葡萄畑でとれた葡萄でつくったハウス・ワインは手頃な値段で美味しいです。私がナパ・アドバイザーとして約１か月間の撮影に加わった、『Sideways』（2004）の日本版『サイドウェイズ』（2007）にも登場したレストランです。

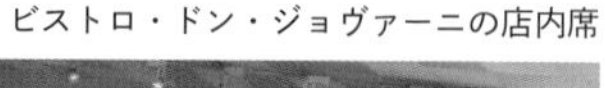

ビストロ・ドン・ジョヴァーニの店内席

オーベルジュ・デュ・ソレイユ　Auberge du Soleil

山間の優雅で贅沢なリゾート。カフェテラスでランチを

シルヴァラード・トレイル沿いにある高級リゾート、オーベルジュ・デュ・ソレイル（Auberge du Soleil）のレストランとビストロ＆バーも見逃せません。山間の優雅で贅沢なリゾートで、レストランはミシュラン１つ星です。お勧めは素敵なカフェ・テラスでのランチ。ピザやパスタ、それにハンバーガーがとても美味しいです。席に着くと、オリーブの実がお通しとして出てくるので、ワインとも良く合います。

上はオーベルジュ・デュ・ソレイユのビストロ＆バーのテラス席。料理の写真は左からパスタ、ハンバーガー、ピザ

ザ・チャター・オーク　The Charter Oak

カリフォルニア料理の新鋭。グリル料理に独自のこだわり

セント・ヘレナにあるカリフォルニア料理店です。閉店したイタリアン・レストラン、トラ・ヴィーン（Tra Vigne）のあとに居抜きで入り、2017年6月にオープン。肉や野菜のグリルが評判の、話題の店として多くの客を集めています。ハンバーガーを頼むと焼き加減を聞かれることがナパヴァレーでは一般的ですが、このレストランではお任せになります。このことからも、グリルには独自のこだわりを持っていることがうかがえます。高級リゾート施設メドウッドのレストランで3つ星を獲得したシェフ、クリストファー・コストウ（Christopher Kostow）の下で働いていたカティアナ・フォン（Katianna Hong）という韓国系女性がシェフを務めています。

ザ・チャター・オークの店内（下）と料理（右上）

プレス　PRESS

ワイナリーのラッドがオーナー。ワインリストが充実

セント・ヘレナのプレス（PRESS）は円熟味を増し、さらに魅力的なレストランになりました。ステーキを前面に打ち出していたオープン当初と比較すると、前菜に生ガキやシュリンプ等のシーフード類、メインにもロブスター等があって充実し、多様なメニュー構成になりました。前菜には「Baby Wedge Salad, Bacon, Avocado Mousse, Apple, Blue Cheese Dressing」という長い名前の一品をお勧めします。ベーコン・テイスティングのプレゼンテーションを楽しめます。ワイナリーのラッド（Rudd）がオーナーなので、ワイン・メニューも充実した素敵なレストランです。夕方5時～6時半まではハッピー・アワーです。

プレスの裏テラス席（左）と同店の正面（左下）。右下はアペタイザーサラダにつくベーコン

ゴッツ・ロードサイド　Gott's Roadside

極上のハンバーガーが人気。サイドディッシュも一流の味

セント・ヘレナのみならずナパヴァレーの食を語る上で欠かせないのは、かつてはテイラーズ・リフレッシャー（Taylor's Refresher）、今は店名を変えてゴッツ・ロードサイド（Gott's Roadside）の名で人気を博しているハンバーガー店です。その人気のほどは、サンフランシスコの人気スポット、フェリー・プラザの一等地に誘致されたことからもわかります。今はナパ市のオックスボ

ゴッツ・ロードサイドのハンバーガー、スパイシー・トマト・スープ、ポテト・フライ。下は同セント・ヘレナ本店

ウ・パブリック・マーケット（Oxbow Public Market）ほか、北カリフォルニアのあちこちに店舗を展開中です。

産地や牧場名を表示した粗挽きの赤身肉を使い、お客ごとに焼き加減を聞いてから調理を始めます。黄色味を帯びたパンにジューシーに焼けた肉、さらに溶けたブルーチーズがのせられたものなど、色々なハンバーガーを楽しめます。ワインにもとても合います。ハウス・ワインは、店を経営するゴット兄弟のジョエル・ゴット・ワインズ（Joel Gott Wines）で、ワイン・ショップでも売られる人気ワインです。ニンニクを強烈に効かせバジル・ソースを絡めたポテト・フライは、強力な個性の一品でやみつきになる美味しさです。コブ・サラダ等のサラダや、私の一押し、トマト・スパイシー・スープは一流レストランの味で、ロードサイド店の枠に収まらない店です。

熟したシャルドネ葡萄の房

ナパヴァレー 基本情報

カリフォルニア州、 ナパ郡、 ナパヴァレー、 ナパ市

ナパヴァレーがあるナパ郡は、アメリカ合衆国西海岸のカリフォルニア州北部に位置する郡（County）です。緯度で示すと北緯38度15分～38度40分くらいで、日本の宮城県仙台市から石巻市辺りに相当します。

ナパ郡の広さは約550,000エーカー（1エーカー＝約4,047㎡）、東京都とほぼ同じくらいの広さです。

このナパ郡の中心部に位置するナパヴァレー（盆地）は、東西と北の三方が山に囲まれています。南側にはナパ市があり、ここから湿地帯と山を経由してアメリカン・キャニオンとサン・パブロ湾（San Pablo Bay）へとつながっています。フロア（盆地の平野部分）の南北の距離は約52km、東西の幅は南部で約８km、北部は約1.5kmと下膨れのズッキーニのような形をしています。

海抜は南部のナパ市で約６m、北端の町カリストガでは約125mになり、北の内陸部に行くにつれて標高は高くなってゆきます。南部は標高が低いので、これまでほぼ10年に一度起こっていたナパ川の洪水時には、ナパ市からオークヴィル辺りの川沿いの低いエリアが浸水することが時々ありました。

ナパヴァレーの異なる地域と環境の山々

ナパヴァレーの地形についてもう少し説明しましょう。地形や土壌、気候の違いが、さまざまな種類の美味しい葡萄の栽培に関係するからです。

ヴァレーを形成する西側にはマヤカマス山脈（Mayacamas Mountains）があり、この山脈の背後にはソノマ郡があります。またさらにこのソノマ郡の西側には太平洋があり、カリフォルニア寒流が北から南へ流れています。この太平洋から、夜から朝にかけてはソノマ郡を経由して多くの水分を含んだ冷気がナパヴァレーへと流れ込みます。また太平洋に近いことで、マヤカマス山脈には多くの霧と水分がもたらされ、木々が生い茂る山脈になっています。

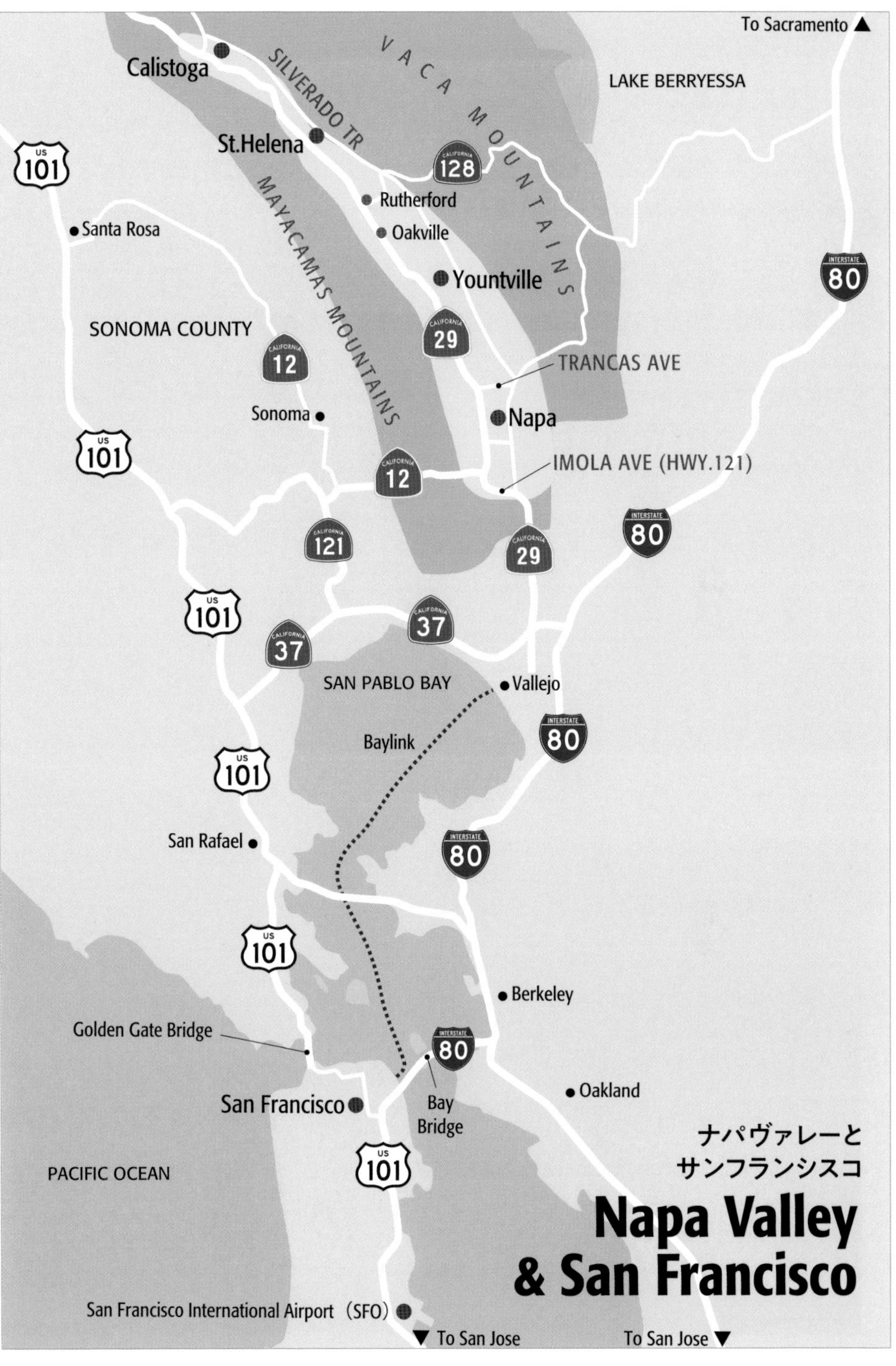

ナパヴァレーと サンフランシスコ
Napa Valley & San Francisco

一方、東側のヴァカ山脈（Vaca Mountains）は、地盤が岩石質であるうえ、乾燥した内陸部に位置するため、乾いた山肌になっています。大きな樹木は育ちづらく、雨季に雑草が生える以外は、黄土色の禿山になっています。この状態がナパ市からラザフォード（Rutherford）あたりまで続きます。そこから北は、山の背後にベリエッサ湖（Lake Berryessa）やヘネシー湖（Lake Hennessey）もあって木々が生い茂りますが、カリストガに向かうにつれ、再び樹木が少なくなり岩肌が目立つようになります。

北側は、ナパヴァレーで最も標高が高いセント・ヘレナ山（Mt. St. Helena）が立ちはだかり、裾野にはカリストガの町があります。カリストガはナパヴァレーの最北の地でありながら内陸部に位置するため、夏の日中などはかなり高い気温になります。しかし夜になるにつれ大地の温度が下がり、セント・ヘレナ山と西側のダイアモンド山（Diamond Mountain）の境目、いわゆるチョークヒル・ギャップ（Chalkhill Gap）から、ソノマ郡を経由して太平洋の冷気が入り込み霧も発生します。

南側に目を転じると、ナパ市（Napa City）には、サン・パブロ湾からの冷気が直接入り込み、南側とはいえナパヴァレーでは一番冷涼なエリアであり、ほぼ毎日お昼前まで曇っているのが特徴です。

初夏の薄暮の葡萄畑、オークヴィル・クロスロードから

穏やかな地中海性気候

ナパヴァレーは、地球上に２％しか存在しないといわれる地中海性気候の地です。５月後半から10月いっぱいは、ほとんど雨の降らない乾季に当たり、11月～２月頃までは雨季に入ります。

夏は温度が高くなる日中でもカラッとしています。木陰や屋内に入るとヒンヤリし、夜から朝にかけてはキリッと冷え込みます。また地表は乾燥して水分が少ないことから雑草は生えづらく、人間が育てる草花が美しく街町を彩っています。

冬は11月の雨季とともに始まります。湿度があり、盆地という地形から強風は吹かないので、日本のように乾燥したキリキリと感じる寒さはありません。大地は水分で潤っているうえ、冬でも晴天の昼間は半袖でもよい温度まで上がることも多く、山肌や丘陵地には草が生え、瑞々しい緑色をしています。しかし朝に霜が降りたり、山間部では若干の雪の降る日もあります。

下記の表は、ナパヴァレーの夏の平均最高気温と平均最低気温を、北部・中部・南部の地域別に比較したものです。

	夏の平均最高気温	夏の平均最低気温
ナパヴァレー北部	32℃　(90°F)	18℃　(64°F)
ナパヴァレー中部	30℃　(86°F)	16℃　(61°F)
ナパヴァレー南部	27℃　(81°F)	14℃　(57°F)

冬のナパヴァレーのお勧め

column

初夏から葡萄の収穫期までがナパヴァレー旅行のハイシーズンですが、冬のナパヴァレーを楽しむのもまた乙なものです。12月中に採れる白マツタケは、日本では高嶺の花ですが、これを気軽に味わえるのはありがたいものです。私の事務所があるハウエル・マウンテンのホワイト・コテージ・レーンは、特にこのマツタケが採れる場所のひとつだと聞いています。

とはいえ、冬でお勧めなのは、初夏から秋にかけての観光客で溢れたナパヴァレーにはない景色が見られる点です。ナパヴァレーの最も美しい季節ともいえる秋が過ぎハロウィーンが終わると、葡萄樹も落葉して枝ぶりばかりが目立つようになります。そしてこの頃から、ワイナリーやレストラン、あるいは地元の民家はイルミネーションを始め、この閑散とした季節のナパヴァレーの冬の夜を美しく演出します。11月ともなると夕方の５時頃には暗くなり、29号線やヨントヴィルの通りを車で走るとこの地の冬ならではの素敵な夜景を楽しめます。

ナパヴァレー全体で見ると、春から夏にかけて日中平均気温は24〜29℃、夜は10〜13℃。冬の日中平均気温は15〜21℃、夜から朝にかけては5〜10℃です。これらはあくまでも、ナパヴァレー全体の平均ですので、南のナパ市等はもう少し低め、北のカリストガではもう少し高めと考えてよいでしょう。

持参する服装のポイントとなるのは、重ね着とウインド・ブレーカーです。夏でも朝夕や雨の日は冷え、冬でも日差しのある日の昼間は半袖でも大丈夫な日があります。最寄りの大都市サンフランシスコは、夏でも寒い日が多いことで有名ですから、ご注意ください。

風景の異なる2本の幹線道路

ナパヴァレーには南北に走る２つの幹線道路があり、人々の営みと経済を支えています。

ひとつはハイウェイ29号線、もうひとつはこれと並行して東側のヴァカ山脈（Vaca Mountains）に沿って走る、シルヴァラード・トレイル（Silverado Tr.）です。

29号線は、ナパヴァレーを構成する街町を繋ぎ、沿線にはワイナリーやレストラン、それに物販店があり、道路もほぼ一直線の広い道です。私は勝手に、ナパヴァレーの経済をつかさどる「父の道」と呼んでいます。

もうひとつの幹線道路シルヴァラード・トレイルは、細くしなやかに曲がりくねった道で、沿線にあるのは葡萄畑とワイナリーだけ。店舗や住宅はほぼありません。これを私は、葡萄畑とワインづくりを支える「女神の道」と呼んでいます。道沿いには

シルヴァラード・トレイル沿いの葡萄畑

葡萄畑が一面に広がり、初夏の行儀よく整列した葡萄樹の畝と勢いよく跳ねた枝を見るにつれ、躾の良いおさげ髪の少女にも見えてきます。

この２つの幹線道路を、要所要所で繋ぐのは以下の道です。オーク・ノール・アベニュー（Oak Knoll Ave.）、ヨントヴィル・クロスロード（Yountville Cros.）、オークヴィル・クロスロード（Oakville Cros.）、ラザフォード・ロード（Rutherford Rd.）、ジンファンデル・レーン（Zinfandel Ln.）、ロダイ・レーン（Lodi Ln.）などです。

ナパ郡を構成する街町

ナパ郡を構成する街町を人口規模順に一覧表にしてみました。ただし、例えば、ヴァレーの外にあるレイク・バリエッサ（Lake Berryessa）は広いエリアですが、人口密度でいえば村とも呼べないくらいの閑散とした地域です。オークヴィルとラザフォードは人口は少ないものの、名門ワイナリーが多く存在することから、税収面で独立した町になったと考えられます。アメリカン・キャニオンはナパ郡に属しますが、盆地の外にあって葡萄畑の季節労働者であるメキシコ人が多く住んでいることから、大まかな人口統計になっていると考えられます。

ちなみに、ロス・カルネロス（Los Carneros）やオーク・ノール（Oak Knoll）はAVA上の呼称で、行制区としてはナパ市に属します。

ナパ郡を構成する街町の人口の規模

1	ナパ（Napa）	約79,000人
2	アメリカン・キャニオン（American Canyon）	約20,000人
3	セント・ヘレナ（St.Helena）	約6,000人
4	カリストガ（Calistoga）	約5,000人
5	ヨントヴィル（Yountville）	約3,000人
6	レイク・バリエッサ（Lake Berryessa）	約1,600人
7	ラザフォード（Rutherford）	約160人
8	オークヴィル（Oakville）	約70人

“Visit Napa Valley” 提供資料による。

ナパヴァレーの宿、イン（Inn）の楽しさ

「ヴィジット・ナパヴァレー（Visit Napa Valley）」が2019年に発表した2018年度の国別の訪問者数は、１位はカナダ（17.7％）、２位は中国（17.0％）、３位は英国（14.3％）、４位に日本（7.8％）、５位はオーストラリア（6.0％）となっています。日本は2016年度の調査時には７位でしたから、３つ順位を上げたことになります。日本人のワインや旅への関心の大きさを考慮すると、今後、10％前後までシェアを伸ばし

ても不思議ではない気がします。

こうした各国からの観光客を受け入れるナパヴァレーの宿泊施設ですが、ここ約10年ほどで大きな変化が見られます。2006年くらいまでの宿泊施設といえば、2階建てまでの小規模のイン（Inn）形式のものが主流でした。しかし2006年オープンのメリテージ（The Meritage Resort & Spa)、2008年オープンのウエスティン・ヴェラサ・ナパ（The Westin Verasa Napa）など、ナパ市には大手ホテル・チェーンが進出して、大型で高層のホテルや総合リゾート施設も増えました。ヨントヴィルにおいては、これまでのイン形式からホテル形式への移行が進んでいます。ただし移行した宿においても、イン特有の無料の朝食を継続しているところもあります。

ホテルの使い方は日本とさほど変わりませんので、ここではインについてふれておきます。

日本でもインと称するビジネス・ホテルや民宿がありますが、ナパヴァレーのインはそれとは別物です。各部屋には必ずトイレとシャワーかお風呂が付いていて、ホテルとの違いをあまり感じられない施設も多くあります。朝食は食堂かロビーで無料（Complimentary breakfast）でいただけます。近くのカフェ等の食券が付いていてるインもあります。施設は個人住宅のような小規模なものから、中規模のホテルライクなもの、プール付きのものまでさまざまです。夕方にワイン・サービスを実施しているインもあります。

インの良さは、まるで友人の別荘を借りて滞在しているようなリラックス感がある点です。無料の朝食で、勝手気ままにパンを焼いて食べるのも楽しいですし、バウチャー使用の近隣のカフェの場合は、ナパヴァレーの住民のような気分が味わえます。ナパ市のキャンドルライト・イン（Candlelight Inn）のように、コース料理を朝食に出すインもあります。

以前からあるイン形式の宿は小規模施設が多いので、旅行会社と契約していないケースもあり、自分自身で探すのが近道です。インターネットでトライしてみましょう。ただし、自分で車を運転せずタクシーの利用を考えている方は、コンシェルジュ・サービスが充実しているホテルのほうが良いかもしれません。

ホテルにせよインにせよ、特に6月～10月中旬にナパヴァレーを訪れる場合は、早めの手配をお勧めします。また、ナパヴァレーは宿泊費が高いエリアなので、予算に合わせ旅のプランを練る必要があります。

ツアーか自由旅行か

サンフランシスコ国際空港とナパヴァレーとの往復や、ナパヴァレー内の移動が不安な場合にはパッケージツアーが安心です。

自分でレンタカーを運転できる、あるいは公共交通機関との併用をお考えの場合は、自由旅行はどうでしょうか。

自分で車を運転する場合は、宿の選択範囲も広く、どの地域でも可能。より多くのスケジュールを効率的にこなせます。ただし、ワイナリー巡りなどアルコール摂取を伴うので、運転代行を手配するなどの対策が必要となり、また、アメリカ本土での運転初心者は、運転をナパヴァレー内にとどめておくのが望ましいでしょう。

ナパヴァレー内の移動をタクシーでと考える場合は、慣れない土地での運転、アルコール摂取の心配はしなくても済みます。ただしナパヴァレーには流しのタクシーはなく、手配にも時間がかかります。その点、配車サービスのウーバー（Uber）利用は有力な選択肢といえます。

一方、私が監修するH.I.S.のツアーでは、添乗員が付くツアーや、現地での交通とガイドが付くものもあり、アルコールのことを気にする必要がなく安心です。

ナパヴァレーへのアクセス

◆エヴァンス・トランスポーテーション（Evans Transportation）

サンフランシスコ国際空港とナパヴァレーを繋いでくれる、有難い定期運行バスです。アメリカ本土で初めて車を運転する方は、このバスでナパ市に来てからレンタカーを借りることをお勧めします。

https://evanstransportation.com/napa-and-american-canyon-group-transportation-and-airport-service/

◆ベイリンク（Baylink）

サンフランシスコとヴァレイホを繋ぐ定期フェリーです。サンフランシスコ近くのゴールデン・ゲイト・ブリッジや元監獄の島、アルカトラズも海から観光できるので、ナパヴァレーからサンフランシスコへの帰途に利用してみてはいかがでしょうか。サンフランシスコ到着後、人気スポット、フェリー・プラザで買い物や食事ができるのも魅力です。

https://www.baylinkferry.com/schedule/index.html

ヴァレイホのベイリンク乗船場。約1時間でサンフランシスコのフェリー・プラザへ

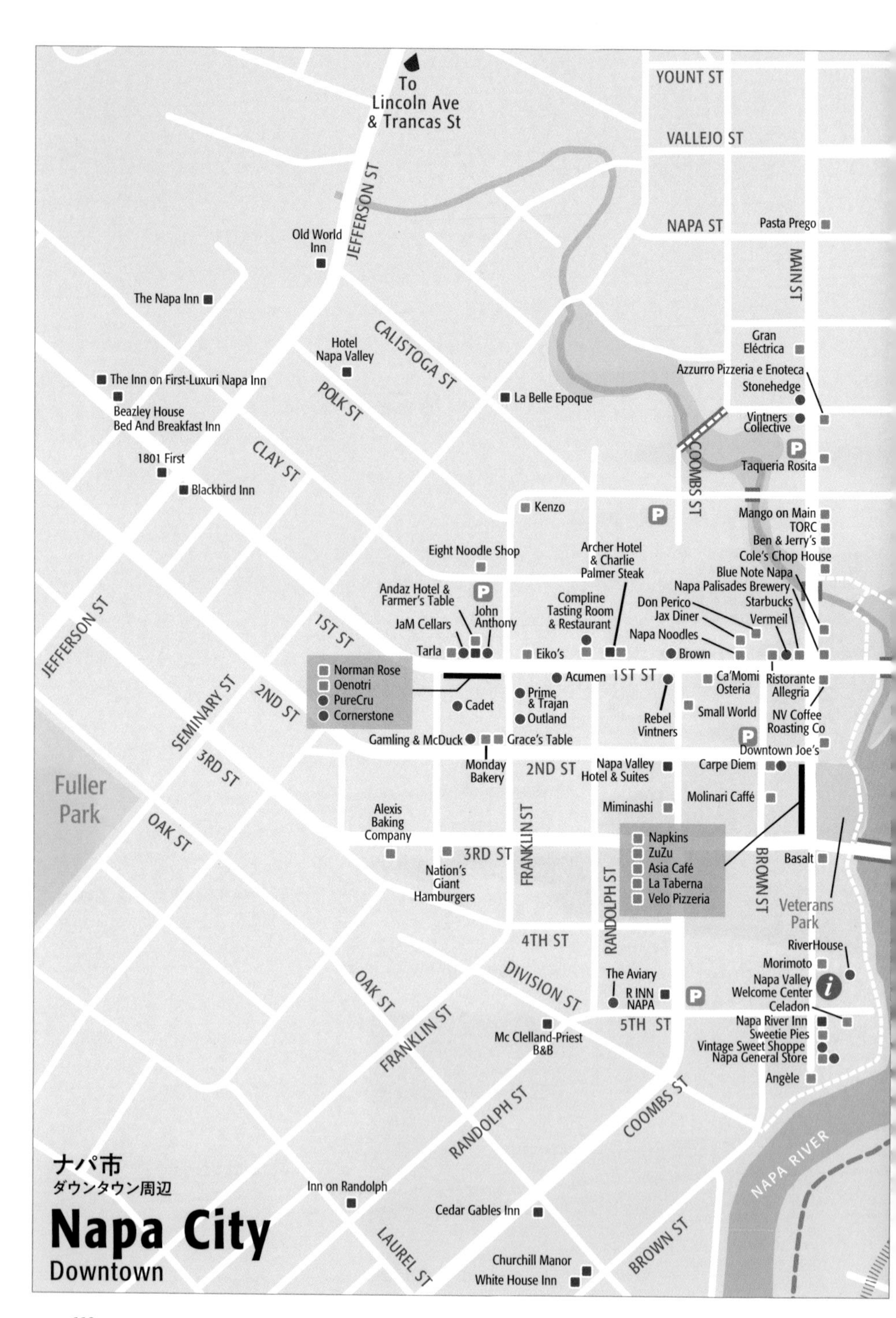

To Lincoln Ave & Trancas St
YOUNT ST
VALLEJO ST
NAPA ST
Pasta Prego
MAIN ST
JEFFERSON ST
Old World Inn
The Napa Inn
Hotel Napa Valley
CALISTOGA ST
POLK ST
The Inn on First-Luxuri Napa Inn
Beazley House Bed And Breakfast Inn
La Belle Epoque
CLAY ST
1801 First
Blackbird Inn
Gran Eléctrica
Azzurro Pizzeria e Enoteca
Stonehedge
Vintners Collective
Taqueria Rosita
COOMBS ST
Kenzo
Mango on Main
TORC
Ben & Jerry's
Cole's Chop House
Eight Noodle Shop
Archer Hotel & Charlie Palmer Steak
Blue Note Napa
Napa Palisades Brewery
Starbucks
Andaz Hotel & Farmer's Table
John Anthony
Compline Tasting Room & Restaurant
Don Perico
Jax Diner
Vermeil
JaM Cellars
Napa Noodles
Tarla
Eiko's
Brown
1ST ST
Norman Rose
Oenotri
PureCru
Cornerstone
Acumen
Ca'Momi Osteria
Ristorante Allegria
Prime & Trajan
Cadet
Outland
Rebel Vintners
Small World
NV Coffee Roasting Co
2ND ST
SEMINARY ST
Gamling & McDuck
Grace's Table
Downtown Joe's
Monday Bakery
Napa Valley Hotel & Suites
Carpe Diem
3RD ST
Fuller Park
OAK ST
Molinari Caffé
Miminashi
Alexis Baking Company
FRANKLIN ST
Napkins
ZuZu
Asia Café
La Taberna
Velo Pizzeria
Nation's Giant Hamburgers
RANDOLPH ST
BROWN ST
Basalt
Veterans Park
4TH ST
RiverHouse
Morimoto
DIVISION ST
The Aviary
R INN NAPA
Napa Valley Welcome Center
Celadon
5TH ST
Napa River Inn
Sweetie Pies
Mc Clelland-Priest B&B
Vintage Sweet Shoppe
Napa General Store
Angèle
NAPA RIVER
ナパ市
ダウンタウン周辺
Napa City
Downtown
Inn on Randolph
Cedar Gables Inn
LAUREL ST
Churchill Manor
White House Inn

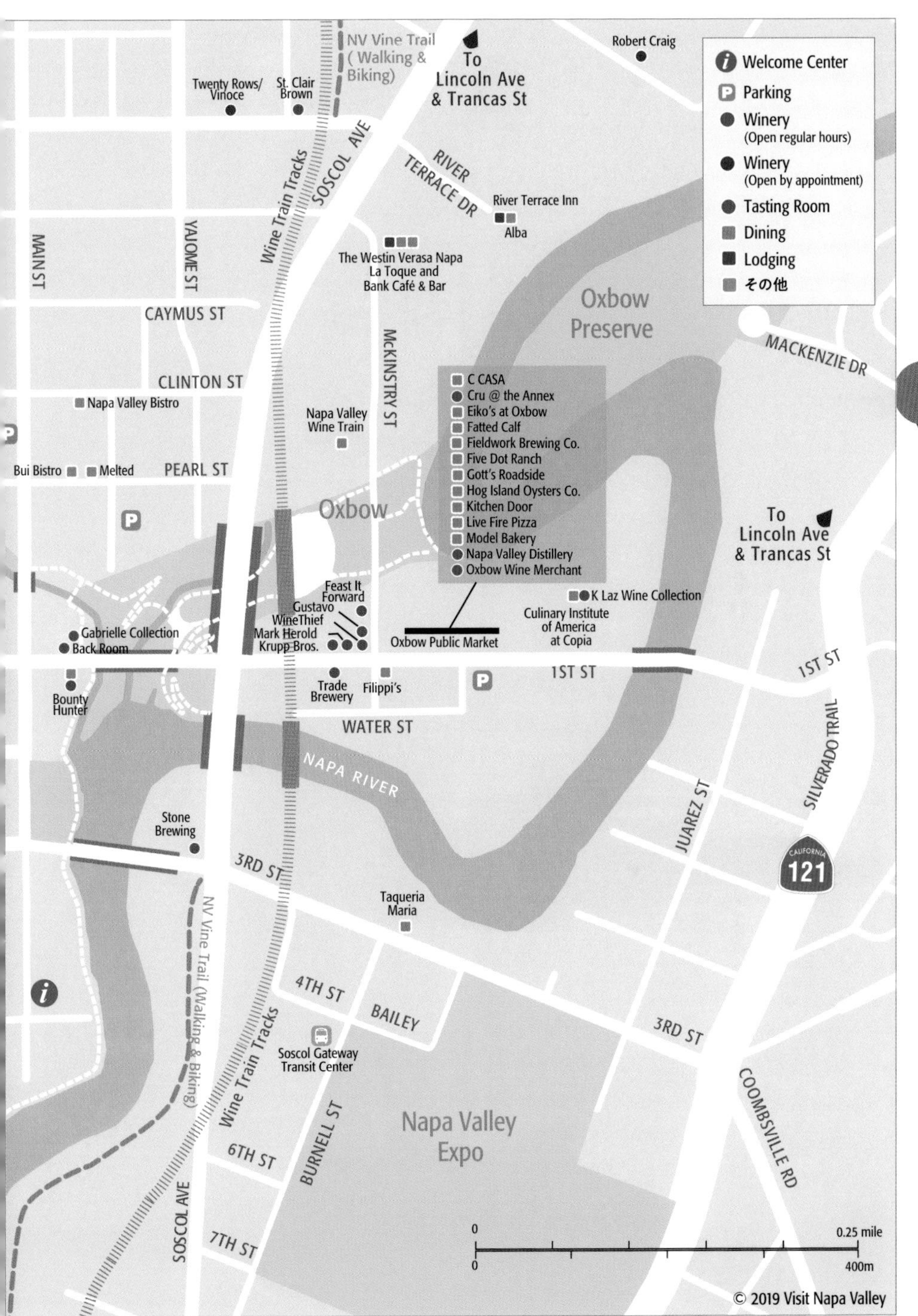

Welcome Center
Parking
Winery
(Open regular hours)
Winery
(Open by appointment)
Tasting Room
Dining
Lodging
その他
NV Vine Trail (Walking & Biking)
To Lincoln Ave & Trancas St
Robert Craig
Twenty Rows/ Vinoce
St. Clair Brown
Wine Train Tracks
SOSCOL AVE
RIVER TERRACE DR
River Terrace Inn
Alba
The Westin Verasa Napa
La Toque and
Bank Café & Bar
MAIN ST
YAJOME ST
CAYMUS ST
CLINTON ST
Napa Valley Bistro
McKINSTRY ST
Napa Valley Wine Train
Oxbow Preserve
MACKENZIE DR
C CASA
Cru @ the Annex
Eiko's at Oxbow
Fatted Calf
Fieldwork Brewing Co.
Five Dot Ranch
Gott's Roadside
Hog Island Oysters Co.
Kitchen Door
Live Fire Pizza
Model Bakery
Napa Valley Distillery
Oxbow Wine Merchant
Bui Bistro
Melted
PEARL ST
Oxbow
To Lincoln Ave & Trancas St
Feast It Forward
Gustavo
WineThief
Mark Herold
Krupp Bros.
K Laz Wine Collection
Culinary Institute of America at Copia
Oxbow Public Market
Gabrielle Collection
Back Room
1ST ST
1ST ST
Bounty Hunter
Trade Brewery
Filippi's
WATER ST
SILVERADO TRAIL
NAPA RIVER
JUAREZ ST
Stone Brewing
3RD ST
CALIFORNIA
121
NV Vine Trail (Walking & Biking)
Taqueria Maria
4TH ST
BAILEY
3RD ST
Wine Train Tracks
Soscol Gateway Transit Center
COOMBSVILLE RD
BURNELL ST
Napa Valley Expo
6TH ST
SOSCOL AVE
7TH ST
0
0.25 mile
0
400m
© 2019 Visit Napa Valley

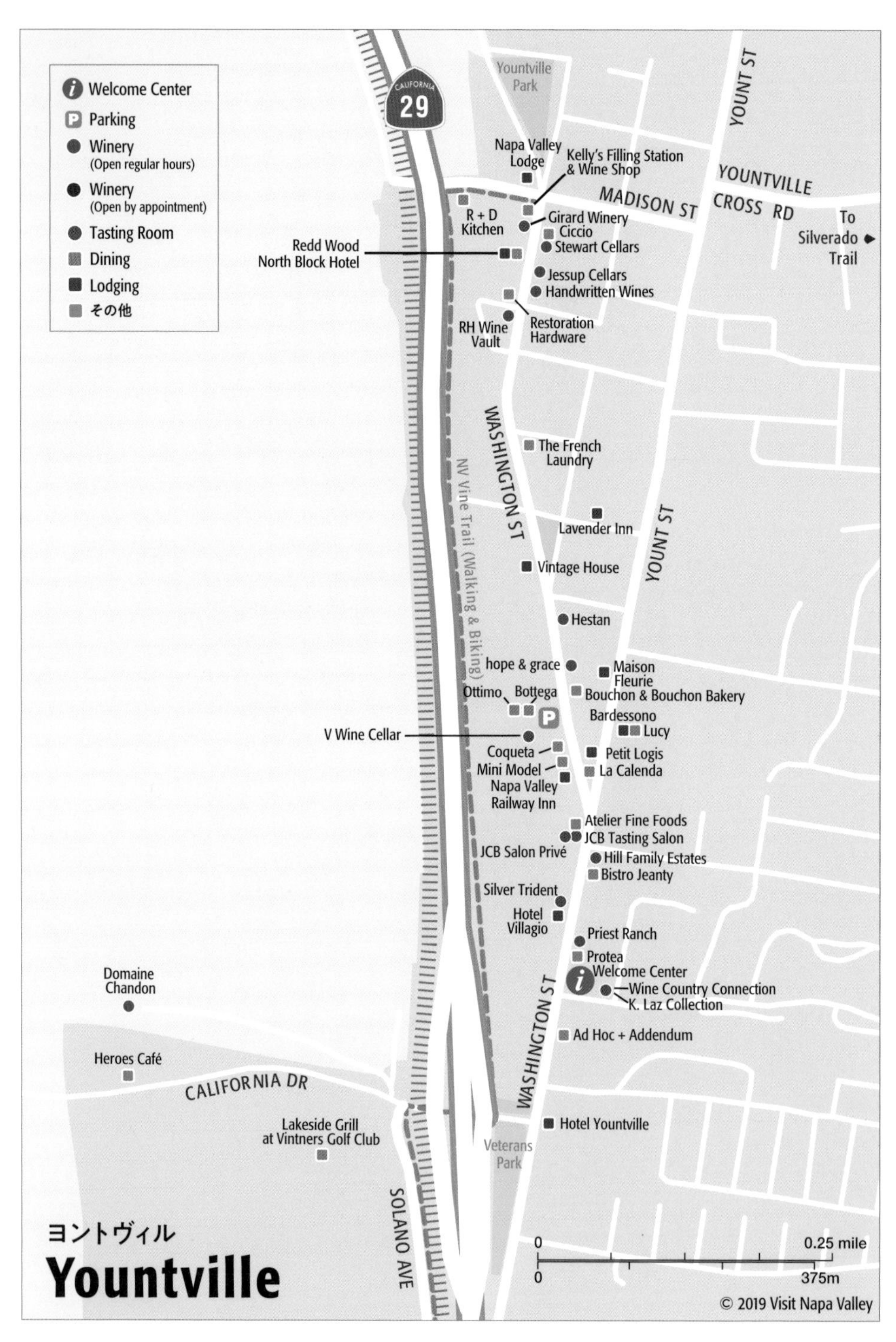
Welcome Center
Parking
Winery
(Open regular hours)
Winery
(Open by appointment)
Tasting Room
Dining
Lodging
その他
CALIFORNIA
29
Yountville Park
YOUNT ST
YOUNTVILLE CROSS RD
MADISON ST
To Silverado Trail
Napa Valley Lodge
Kelly's Filling Station & Wine Shop
R + D Kitchen
Girard Winery
Ciccio
Stewart Cellars
Redd Wood
North Block Hotel
Jessup Cellars
Handwritten Wines
RH Wine Vault
Restoration Hardware
WASHINGTON ST
NV Vine Trail (Walking & Biking)
The French Laundry
Lavender Inn
Vintage House
Hestan
hope & grace
Maison Fleurie
Ottimo
Bottega
Bouchon & Bouchon Bakery
Bardessono
Lucy
V Wine Cellar
Coqueta
Petit Logis
Mini Model
La Calenda
Napa Valley Railway Inn
Atelier Fine Foods
JCB Tasting Salon
JCB Salon Privé
Hill Family Estates
Bistro Jeanty
Silver Trident
Hotel Villagio
Priest Ranch
Protea
Welcome Center
Wine Country Connection
K. Laz Collection
Domaine Chandon
Ad Hoc + Addendum
Heroes Café
CALIFORNIA DR
Lakeside Grill at Vintners Golf Club
Hotel Yountville
Veterans Park
SOLANO AVE
ヨントヴィル
Yountville
0
0.25 mile
0
375m
© 2019 Visit Napa Valley

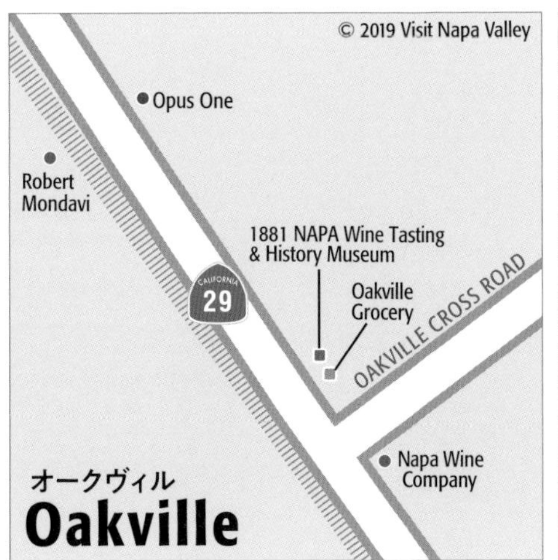

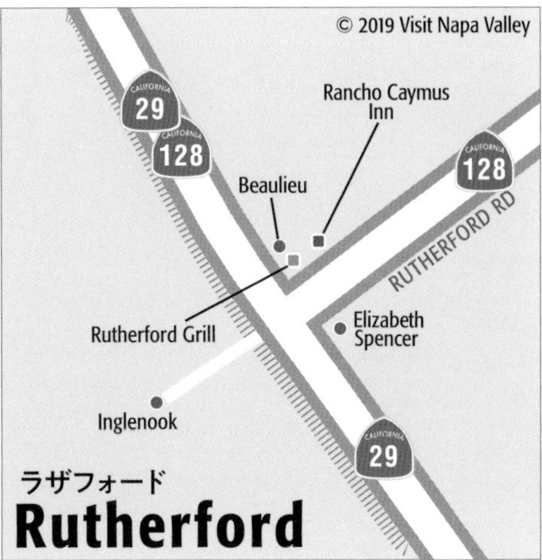

ナパヴァレー基本情報

ヨントヴィルのワシントン・ストリート

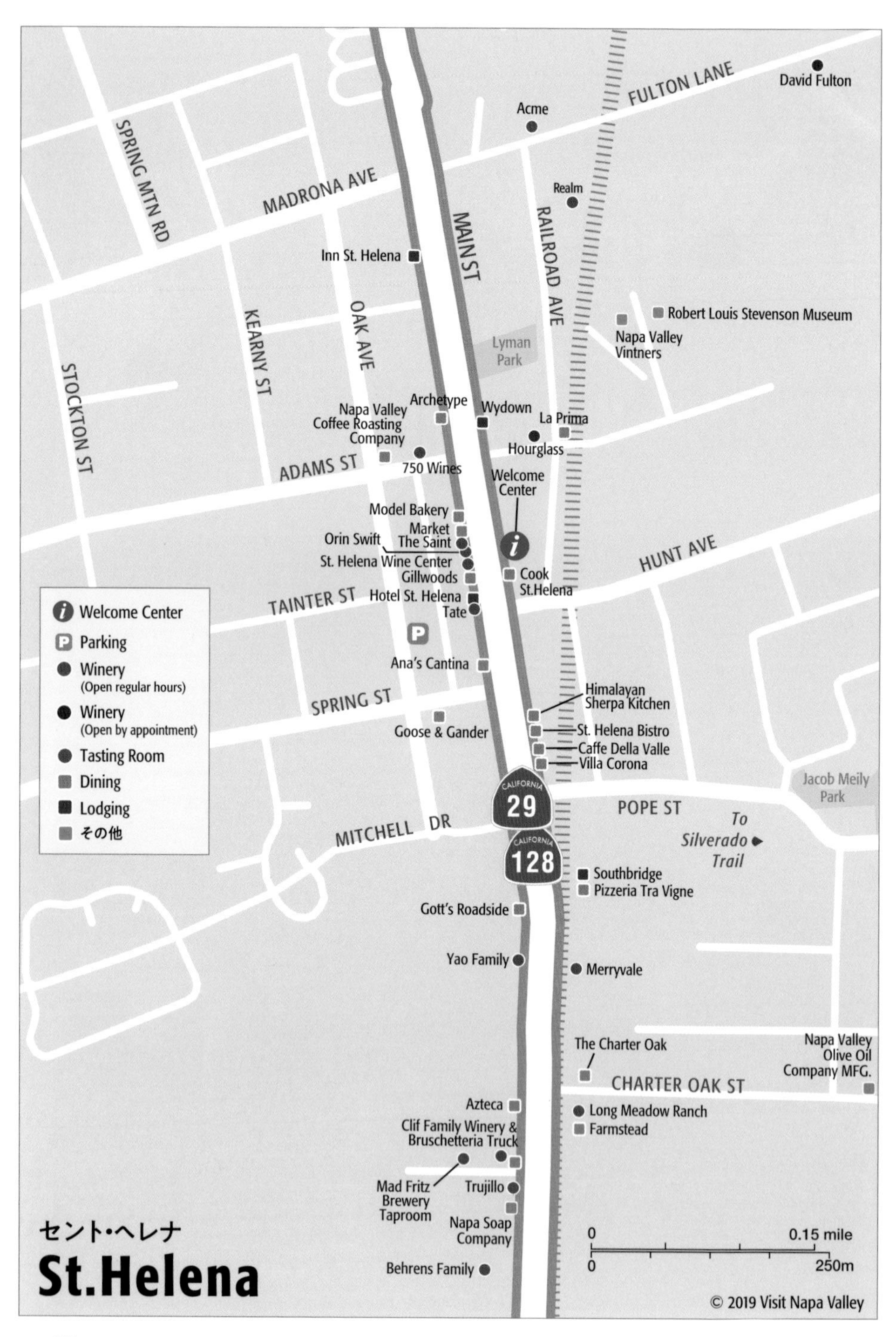

セント・ヘレナ
St.Helena
Welcome Center
Parking
Winery
(Open regular hours)
Winery
(Open by appointment)
Tasting Room
Dining
Lodging
その他
FULTON LANE
MADRONA AVE
SPRING MTN RD
MAIN ST
RAILROAD AVE
KEARNY ST
OAK AVE
STOCKTON ST
ADAMS ST
HUNT AVE
TAINTER ST
SPRING ST
MITCHELL DR
POPE ST
CHARTER OAK ST
David Fulton
Acme
Realm
Inn St. Helena
Robert Louis Stevenson Museum
Napa Valley Vintners
Lyman Park
Archetype
Napa Valley Coffee Roasting Company
Wydown
La Prima
Hourglass
750 Wines
Welcome Center
Model Bakery
Market
Orin Swift
The Saint
St. Helena Wine Center
Gillwoods
Cook St.Helena
Hotel St. Helena
Tate
Ana's Cantina
Himalayan Sherpa Kitchen
Goose & Gander
St. Helena Bistro
Caffe Della Valle
Villa Corona
Jacob Meily Park
29
128
To Silverado Trail
Southbridge
Pizzeria Tra Vigne
Gott's Roadside
Yao Family
Merryvale
The Charter Oak
Napa Valley Olive Oil Company MFG.
Azteca
Long Meadow Ranch
Farmstead
Clif Family Winery & Bruschetteria Truck
Mad Fritz Brewery Taproom
Trujillo
Napa Soap Company
Behrens Family
0
0.15 mile
0
250m
© 2019 Visit Napa Valley

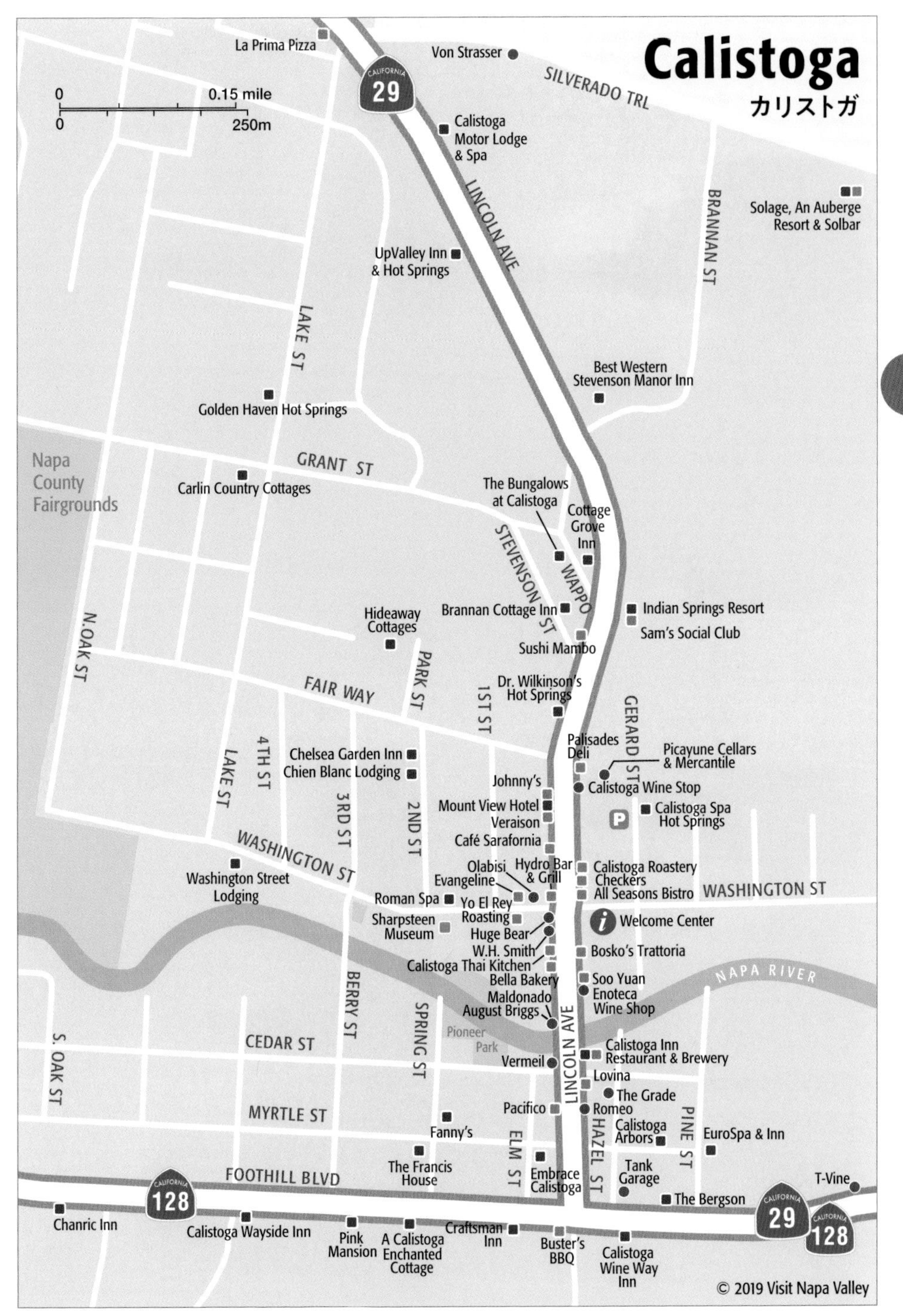

Calistoga
カリストガ
0 0.15 mile
0 250m
La Prima Pizza
Von Strasser
SILVERADO TRL
29
Calistoga Motor Lodge & Spa
LINCOLN AVE
BRANNAN ST
Solage, An Auberge Resort & Solbar
UpValley Inn & Hot Springs
LAKE ST
Best Western Stevenson Manor Inn
Golden Haven Hot Springs
Napa County Fairgrounds
GRANT ST
Carlin Country Cottages
The Bungalows at Calistoga
Cottage Grove Inn
STEVENSON ST
WAPPO
Hideaway Cottages
Brannan Cottage Inn
Indian Springs Resort
Sam's Social Club
Sushi Mambo
N.OAK ST
FAIR WAY
PARK ST
Dr. Wilkinson's Hot Springs
1ST ST
GERARD ST
Palisades Deli
Picayune Cellars & Mercantile
Chelsea Garden Inn
Chien Blanc Lodging
LAKE ST
4TH ST
3RD ST
2ND ST
Johnny's
Calistoga Wine Stop
Mount View Hotel
Veraison
Calistoga Spa Hot Springs
Café Sarafornia
WASHINGTON ST
Olabisi
Hydro Bar & Grill
Calistoga Roastery
Checkers
All Seasons Bistro
WASHINGTON ST
Washington Street Lodging
Evangeline
Roman Spa
Yo El Rey Roasting
Welcome Center
Sharpsteen Museum
Huge Bear
W.H. Smith
Bosko's Trattoria
Calistoga Thai Kitchen
Bella Bakery
Soo Yuan
NAPA RIVER
Enoteca Wine Shop
Maldonado
August Briggs
BERRY ST
SPRING ST
Pioneer Park
S. OAK ST
CEDAR ST
LINCOLN AVE
Calistoga Inn Restaurant & Brewery
Vermeil
Lovina
The Grade
MYRTLE ST
Pacifico
Romeo
Fanny's
ELM ST
HAZEL ST
PINE ST
Calistoga Arbors
EuroSpa & Inn
The Francis House
Embrace Calistoga
Tank Garage
T-Vine
FOOTHILL BLVD
128
The Bergson
29
128
Chanric Inn
Calistoga Wayside Inn
Pink Mansion
A Calistoga Enchanted Cottage
Craftsman Inn
Buster's BBQ
Calistoga Wine Way Inn
© 2019 Visit Napa Valley

ナパヴァレーのエリアガイド

ナパ市
Napa city

ナパ市の概要

ナパヴァレーの最南端に位置するナパ市（Napa City）は、1847年にナパ郡で最初の行政区になった街です。ナパヴァレーの住民は普段この街のことを「ナパ」と呼びます。ナパ市には、ナパ郡全体の行政機関や公共施設、病院、大型GMS（総合スーパーマーケット）とスーパー、各種専門店、カー・ディーラーや修理工場、さまざまなレストラン、多くの宿泊施設があります。ナパヴァレーでの生活に必要な拠点が集積しており、いわゆるワイン・カントリーの風景が広がる他の町とは少々風情が異なる市街地が中心です。

ワインの産地では、ロス・カルネロス（Los Carneros）AVA、オーク・ノール（Oak Knoll District）AVA、スタッグス・リープ地区（Stag's Leep District）AVA、マウント・ヴィーダー（Mount Veeder）AVA、クームス・ヴィル（Coombs Ville）AVA他の葡萄栽培地域がこのナパ市に属します。

変貌を遂げたナパ市

2000年代に入るころまでは、ナパヴァレーを訪れる観光客の多くが、ナパヴァレーの入り口に当たるナパ市を素通りして、ヨントヴィル以北の町を訪れていました。食事も、ヨントヴィルからカリストガあたりで楽しむこととなり、人気の観光地という意味では北高南低の構図でした。

当時のナパ市は行政や商業の施設、住宅地がメインで、観光地としての魅力

上はナパ市南のVista Pointにある高さ約３ｍの、葡萄を圧搾する銅像。下は再開発を終えたナパ川沿いの建物の夜の風景。右は、COPIA屋上にあるロバート＆マーグリット・モンダヴィ夫妻のモニュメント

に欠けたことは確かです。また、ナパ市のダウンタウンには、サンフランシスコやナパ市を震源とする地震で老朽化した建物が損壊し、立ち入り禁止地区があちこちにあり、また、度重なるナパ川の洪水でファースト・ストリート（1st St.）の橋が崩落し、その復興途上にありました。

そこで観光客を引き寄せるために行われたのが、ダウンタウンの再整備とオ

ックスボウ（Oxbow）エリアの開発でした。その象徴的プロジェクトの第１弾は、2001年にオックスボウ地区に開館した、ナパヴァレー観光のオリエンテーションを目的とした「コピア（COPIA）：ワインと食、芸術のためのアメリカン・センター」というミュージアムです。ロバート＆マーグリット・モンダヴィ夫妻が私財を投じて完成しました。2007年末には、隣にオックスボウ・パブリック・マーケット（Oxbow Public Market）もオープンしました。両者とも当初は集客に悩みましたが、コピアには、のちにCIA（The Culinary Institute of America：アメリカの二大料理学校のひとつ）グレイストーン校が入り、オックスボウ・パブリック・マーケットはテナントの入れ替えを経て、現在は活況を呈し、観光拠点のみならず地元民の憩いの場としての役割を果たせるようになりました。

2009年、ナパ川の護岸工事と橋の架け替えが終ります。リヴァー・フロントが再整備され、ダウンタウンはモダンな街区に生まれ変わりました。ファースト・ストリートにはアンダーズ（Andaz）やアーチャー（Archer）等の大手ホテル・チェーンが進出し、活気ある地区に変貌しました。また前後して29号線とトランカス・アベニューの交差点付近の広大なスペースに、ショピング・センター、ベル・エアー・プラザ（Bel Aire Plaza）が完成したことも見逃せません。

2006年にはナパ市南部の葡萄圧搾像のある丘のたもとにメリテージ・ホテル（The Meritage）が、2018年にはその正面にヴィスタ・コリーナ・リゾート

ファースト・ストリートに面する
オックスボウ・パブリック・マーケット本館

(Vista Collina Resort)、その隣にヴィノ・ベロ・リゾート（Vino Bello Resort）がオープンしたことで、一大リゾートエリアが誕生しました。これもナパ市の勢いづくりに寄与しました。

こうしてナパ市の街には活気が出てきて、多くの観光客が訪れるようになりました。以前のように、ナパ市を素通りしてヨントヴィルからカリストガにかけての町に観光客が集中することはなくなり、北高南低が解消されました。これが、この10年くらいのナパヴァレーの大きな変化といえるでしょう。

この現象を象徴する店が、2017年にナパ市のダウンタウンにオープンした、ナプキンズ（Napkins Bar & Grill）という名のレストランです。かつてナパヴァレー北部に住む人が、ナパ市に生まれ育った人々のことを、ナプキン（Napkin）とかナパンズ（Napans）と呼ぶことがありました。いわゆるナパ育ち、下町育ちを指した俗称です。ナパの街が活性化した今、「私たちは元気なナパっ子」と自信と誇りを持ってこの店名をつけたのではないでしょうか。

もうひとつ変化があります。北高南低が解消される以前のナパヴァレー北部のワイナリーや人気店では、観光客が北上して来るのを「待つ」姿勢でした。このスタイルが変わり、多くの観光客が訪れ活気ある街になったナパ市に移転、または支店を出し、ナパ市に「出向く」傾向が出てきたのです。移ったレストランとしてはラ・トーク（La Toque）、支店を出したケースにはハンバーガー店のゴッツ（Gott's Roadside）とモデル・ベーカリー（Model Bakerly）が挙げられます。

ワイナリーもオープンしています。これまでナパ市内には、郊外の倉庫街などに醸造中心のワイナリーがあるくらいでしたが、イレヴン・イレヴン（Eleven Eleven Winery）はナパの主要通りトランカス・アベニュー沿いにテイスティング・サロンも備えてオープンしました。ナパヴァレーの北部から南部へという流れは、クヴェイゾン（Cuvaison）がカリストガからロス・カルネロスにワイナリーを移したことや、ナパ市近くのクームスヴィルやロス・カルネロスで新しいワイナリーの動きがあることからも見て取れます。

ナパ市の主要道路

まず南北に走る主要道路を見てみましょう。ナパ市の東側を走るのがソスコ・アベニュー（Soscol Ave.）です。沿線には大型ショピング・センター、GMS、レンタカー会社、カー・ディーラー、宿泊施設等の商業施設が建ち並んでいます。ナパ市の旧中心部を走るのがジェファーソン・ストリート（Jefferson

左はキャンドルライト・インの朝食テーブル。右はベル・エアー・プラザのホールフーズ・マーケット

St.)、西側にはナパ郡を縦断する幹線道路のハイウェイ29号線が通っています。29号線は防護壁で囲まれたフリーウェイなので、すべての道路に直接つながっているわけではありませんが、南から順に、ハイウェイ12号線（Hwy.12)、イモラ・アベニュー(Imola Ave.)、ファースト・ストリート（1st. St.)、リンカーン・アベニュー（Lincoln Ave.)、トランカス・アベニュー（Trancas Ave.）につながる出入り口があります。ワイン・トレインの線路を挟み、29号線と並行して走る道路がソラノ・アベニュー（Solano Ave.）です。南はリンカーン・アベニューから北はヨントヴィルまで続く一見裏道的な道路ですが、沿線にはサンフランシスコ国際空港とナパ市を繋ぐ定期運行バス、エヴァンス（Evans）の駅や宿泊施設が幾つかあります。

次に東西に走る道路です。イモラ・アベニューは29号線とソスコ・アベニューを繋ぎ、ハイウェイ121号線の一部区間を兼ねています。ファースト・ストリートは、29号線とジルヴァラード・トレイルを繋ぐ道路ですが、29号線と交差する角にナパ・プレミアム・アウトレット（Napa Premium Outlets)、沿線にはキャンドルライト・イン（Candlelight Inn）などの民家風のイン、ダウンタウンに入ると大手ホテルやレストランが、ソスコ・アベニューを越えると、オックスボウとCOPIAがあり、よく利用する通りです。さらにその北のトランカス・アベニューは、西は29号線を挟んでレッドウッド・ロード（Redwood Rd.）と繋がり、東はジルヴァラード・トレイルに至る道路です。沿線には、ベル・エアー・プラザ（Bel Aire Plaza）など大小いくつものショピング・センターが並び、大きな総合病院、銀行もあり、ナパ市では、ファースト・ストリートと並び使用頻度の高い、市民の生活道路といえます。

ツーリストに人気のダウンタウンとオックスボウ

ナパ市の一角にあるダウンタウンは、ナパ川の整備に伴って、モダンな街区に生まれ変わりました。メイン・ストリート（Main St.）に面する新しくできたナパ川沿いのビルには、料理の鉄人、森本正治さんのMorimoto Napa、観光客の相談にのってくれるヴィジット・ナパヴァレー（Visit Napa Valley）が運営するウエルカム・センターがあります。このメイン・ストリートと交わるサード・ストリート（3rd St.）、セカンド・ストリート（2nd St.）には多くの飲食店があります。ファースト・ストリートにはハイアット系のアンダーズ（Andaz）やアーチャー・ホテル（Archer Hotel）といった大型ホテルもあり、近代的で活気ある地域になっています。

ダウンタウンと並んで活気があるのは、オックスボウ（Oxbow Commons）地区にあるオックスボウ・パブリック・マーケットです。オックスボウとは、傍らを流れるナパ川の形が、蛇行して牛の胃の形に似ていることからつけられた地名です。近くのナパヴァレー・エクスポ（Napa Valley Expo）で人気の野外ロック・イベント、ボトル・ロック（Bottle Rock）が開催される５月末は、この一帯が夜中までお祭り騒ぎになります。ワイン・トレイン（Wine Train）の乗車駅もこの地区にあります。

ナパ市のレストラン

❖ ダウンタウン地区

ファースト・ストリートでまず試してみるべきレストランは、チャーリー・パーマー・ステーキ（P94参照）です。アンダーズ横のターラ（Tarla）はカジュアルなカリフォルニア料理店で、私はラム肉でつくったハンバーガーが好きです。私の友人は、南イタリア料理のオエノトリ（Oenotri）のピザがお気に入りです。古くからあるリストランテ・アレグリア（Ristorante Allegria）にも昔からファンがついています。1916年に建てられた元銀行の建物を利用した店舗には、今も金庫室が残っています。

ナプキンズの外観

セカンド・ストリートでは、メイン・ストリートとの角にあるナプキンズ（Napkins Bar & Grill）はワイン・バー的な店づくりですが食事もOKの店。グレイス・テイブル（Grace's Table）はフレンチ＆イタリアンがベースのフュージョン料理で、地元の人も利用する気軽な店です。今、ナパっ子に人気の店は、セカンド・ストリートからクームス・ストリート（Coombs St.）に入ったところにあるミミナシ（Miminashi）です。「耳なし芳一」から名を拝借していることからもわかるように、和食の要素を取り入れたアイデアに富んだレストラン（居酒屋）です。シェフのカーティス・ディ・フェーデは、ファースト・ストリートにあるオエノトリの元シェフ。この居酒屋のオープン前には３年間世界各国を巡り、東京・恵比寿のフミーズ・グリルでも一時働き、日本の「居酒屋」にインスパイアされたようです。

メイン・ストリート沿いの店を南端から順にピック・アップしてみましょう。アンジェラ（Angèle）とセラダン（Celadon）は昔からあるカリフォルニア料理の店で、安定した魅力があります。カフェ＆パティスリーのスイティー・パイズ（Sweetie Pies Bakery）は、オプラ・ウィンフリー（Oprah Gail Winfrey）のお気に入りの店で、アメリカン・スイーツ好きのかたにお勧めです。メイン・ストリートで今や貫禄さえ感じさせるのは、和食のMorimoto Napa。アメリカ人好みの店づくりと料理はさすがです。ズズ（ZuZu）は2002年創業のタパス料理の店です。ファースト・ストリートを越えたところにあるのがステーキ店、コールズ・チョップ・ハウス（Cole's Chop House）とタイ料理のマンゴ・オン・メイン（Mango on Main）。メイン・ストリートからパール・ストリート（Pearl St.）へ右へ曲がってすぐのブイ・ビストロ（Bui Bistro）のベトナム料理もお勧めです。最近とみに脚光を浴びている店が、さらに北、クリントン・ストリート（Clinton St.）の先にあるメキシコ料理のグラン・エレクトリカ（Gran／Eléctrica）です。メキシコ料理といえばカジュアルな店が多いのですが、

グラン・エレクトリカのオーナー、タメールとブレアご夫妻。左は同店のアペタイザー

こちらは粋なレストラン＆バーで、セント・ヘレナのテラ（Terra）で、日本人シェフのヒロさんの下で働いたことのあるシェフが作るクリエイティブなメキシコ料理です。オーナーのタメール・ハマウィ（Tamer Hamawi）は1995年頃に東京・神宮前のラス・チカスで働いた経験があり、週末の夜は彼自らDJをやります。

お茶をするなら、メイン・ストリートとファースト・ストリートの交差点にあるナパヴァレー・コーヒー（Napa Valley Coffee Roasting Co.）、タパス料理のズズの裏手に最近できたモリナリ・カフェ（Molinari Caffé）もお勧めです。

❖ オックスボウ

オックスボウ・パブリック・マーケット（Oxbow Public Market）のテナントは粒ぞろいです。セント・ヘレナに本店のある、ゴッツ（Gott's Roadside）とモデル・ベイカリー（Model Bakery）、サンフランシスコの生カキ店ホッグ・アイランド・オイスター（Hog Island Oyster Co.）、ソノマのオーガニック・アイスクリームの店、スリー・トゥインズ（Three Twins Ice Cream）。ハムやソー

3店ともオックスボウ・パブリック・マーケットのテナント。左上はチーズ売り場、右上は別館のゴッツのオックスボウ支店。右はホッグ・アイランド・オイスター

セージのサンドイッチが美味しいファッティッド・カーフ（Fatted Calf）もランチや持ち帰りで人気があります。

少し本格的な料理を、というかたには、オックスボウから歩いて行けるウエスティン・ヴェラサ・ナパ（The Westin Verasa Napa）にあるラ・トーク（La Toque、P94参照）はどうでしょう？　コース料理のみの星付きのレストランです。ただし、ディナーのみ。

❖ ナパ市郊外

ダウンタウンから見て南西方向、ロス・カルネロス地区のカルネロス・リゾート＆スパ（Carneros Resort & Spa）内のブーン・フライ・カフェ（Boon Fly Café）はランチにお勧め。この近くに最近できたスタンリー・レーン・スモークハウス（Stanly Lane Smokehouse）は、サンドイッチやパニーニが手軽に楽しめる牧場風のデリカテッセンです。

もうひとつ是非お勧めしたい店が、ダウンタウンの北西、広大なショッピング・センター、ベル・エアーの東側にあります。地元の人しか行かない商店街にあるジェノヴァ・デリカテッセン（Genova Delicatessen）です。ラザニア、そしてサンドイッチやサラダ、プロシュートなど何でもおいしい店です。ランチタイムには地元の警察官が買いに来るくらいです。

ナパの街から29号線でオーク・ノールに向かう途中にある、フュメ・ビストロ（Fumé Bistro & Bar）も昔からあるカリフォルニア料理のレストランで、気軽で安定した味です。そのさらに北、オーク・ノール地区の29号線沿いにあるビストロ・ドン・ジョヴァーニ（Bistro Don Giovanni、P96参照）は葡萄畑に囲まれた粋で美味しいイタリアン・レストランです。

カリフォルニア・イタリアンの店、ビストロ・ドン・ジョヴァーニの正面玄関

❖ 音楽ライヴも楽しめるお店

メイン・ストリート沿いのダウンウンタウン・ジョーズ（Downtown Joe's）は、地ビールを飲めるレストランで、週末にはロックを中心にライヴ・ミュージックを聞くことができ、夜遅くまで地元の人で賑わいます。その隣にあるバウンティ・ハンター（Bounty Hunter）も、昔からのナパっ子が通うバー。こちらも夜遅くまで営業しています。そのすぐ近くには、食事と音楽が楽しめるブルーノート・ナパ（Blue Note Napa）があり、有名なミュージシャンも出演するので音楽好きは要チェック。トリビュート・バンドやアーティストもお勧めです。サード・ストリートのアップタウン・シアター（Uptown Theatre）は、1937年開場のコンサート・ホールです。タイミングが合えば、地元住人のボズ・スキャッグスをはじめ有名アーティストやバンドが楽しめます。

ナパ市の宿

ナパ市には、レンタカー会社、ワイン・トレインの乗降駅があり、ダウンタウンやオックスボウに立地するホテルは非常に利便性が高いといえます。ただし、葡萄畑の風景を望む場合には少し郊外の施設がいいでしょう。少し離れたオーク・ノール寄りのソラノ・アベニューにはサンフランシスコ国際空港（SFO）とナパを結ぶ定期便のバス、エヴァンス（Evans）のステーションがあります。

❖ メリテージ・リゾート、ヴィスタ・コリーナ・リゾート、ヴィノ・ベロ・リゾート

(The Meritage Resort & Spa, Vista Collina Resort, Vino Bello Resort)

メリテージは2006年にナパ市の南、29号線とソスコ・アベニューの起点が交

メリテージ内にあるケイヴとその上の葡萄畑

手前はヴィノ・ベロ・リゾート。向こうに見えるのはヴィスタ・コリーナ・リゾート

差するところにある、葡萄圧搾像が建つ丘のふもとにオープンしました。322室の客室に加え、丘を掘り抜いたケイヴがあり、その丘の斜面には葡萄樹を植樹していて、ワイン・カントリーを演出しています。2018年には、ボルドー・ウェイ（Bordeaux Way）を挟んで隣接するかたちでヴィスタ・コリーナ・リゾート（Vista Collina Resort）とヴィノ・ベロ・リゾート（Vino Bello Resort）も完成し、合計約500室級、８つのテイスティング・ルームを備えた一大リゾートエリアとなりました。カジノこそありませんが、ワイン・ツーリズムの要素がいっぱい詰まった総合リゾートです。

❖ ウエスティン・ヴェラサ・ナパ（The Westin Verasa Napa）

ナパ市のソスコ・アベニューから少し入った、オックスボウ地区にあるホテルです。施設が充実し立地が抜群のホテルなので、利便性ではいちばんのお勧めです。ワイン・トレインの乗車駅、ダウンタウンにも歩いて行けます。夕方には無料のワイン・サービスがあり、徒歩圏内に多くのレストランがあります。

ウエスティン同様に利便性の高い宿泊施設としては、ウエスティンの一本北の道にあるリヴァー・テラス・イン（River Terrace Inn）、ダウンタウンのメイン・ストリートの南端にあるナパ・リヴァー・イン（Napa River Inn）もお勧めです。

車は必要になりますが、家族や小グループの仲間で泊まるなら、スイーツ・タイプのエンバシー・スイーツ・ナパヴァレー（Embassy Suites Napa Valley）

ウエスティン・ヴェラサ・
ナパのプールサイド

はどうでしょう。ナパ・プレミアム・アウトレッツ（Napa Premium Outlets）の近く、カリフォルニア・ブルヴァード（California Blvd.）沿いにあります。
葡萄畑に囲まれ、ワイン・カントリーを感じられるリゾート施設としては、カルネロス・リゾート&スパ（The Carneros Resort & Spa）があります。このほかにも手頃な値段の宿もありますので、巻末のリストもご参照ください。

ナパ市のショッピング

❖ ナパ・プレミアム・アウトレッツ（Napa Premium Outlets）

29号線沿い、ファースト・ストリートと交わるエリアのフリーウェイ・ドライブ（Freeway Dr.）にあり、バナナ・リパブリック（Banana Republic）、ブルックス・ブラザース（Brooks Brothers）、カルヴァン・クライン（Calvin Klein）、コーチ（Coach）、リーヴァイス（Levi's）、オールド・ネイヴィー（Old Navy）、ポロ・ラルフ・ローレン（Polo Ralph Lauren）、トミー・ヒルフィガー（Tommy Hilfiger）他、人気のブランド店が入っています。近くの洗車場にあるアンディーズ（Andie's Cafe）のバーガーとホットドッグもお勧めです。

アンディーズのホットドッグとハンバーガー

ナパ市ダウンタウンのメイン・ストリートにあるヴィジット・ナパヴァレーのウエルカム・センターとその店内

❖ナパヴァレー・ウエルカム・センター (Napa Valley Welcome Center)

ナパヴァレー・ウエルカム・センターはヴィジット・ナパヴァレー（Visit Napa Valley）が運営する観光客向け案内センターで、アメリカン・キャニオン、ナパ市、ヨントヴィル、セント・ヘレナ、カリストガにあります。ナパ市のダウンタウン、メイン・ストリートにあるウエルカム・センターは、観光の相談はもちろんのこと、ナパヴァレーのお土産にピッタリのグッズもたくさん販売しています。

❖ ナパ・ジェネラル・ストア (Napa General Store)

ナパヴァレー・ウエルカム・センターのすぐそばのナパ川沿いにあり、お茶を飲んだり簡単な食事もできる店です。ワイン・グッズやTシャツ、セーターなどを販売しています。掘り出し物を見つけられるかもしれません。

❖ ベル・エアー・プラザ (Bel Aire Plaza)

ナパ市の29号線とトランカス・アベニュー（Trancas Av.）の交差点にある広大なショッピング・エリアです。オーガニック食品を中心に扱うホールフーズ・マーケット（Whole Foods Market）と総合スーパー、ターゲット（Target）などがキー・テナントとなっています。ほかにスーパーのトレイダー・ジョーズ（Trader Joe's）、本屋のクーパー・ブックス（Cooperfield's Books）、食器料理器具のピア1（Pier 1）、コーヒーショップのピーツ（Peet's Coffee & Tea）やスターバックスなど、多くの専門店が入っています。ここで現地の人たちが購入する日用品を、お土産に買ってみてはどうでしょう。ホールフーズでは多種多様のワインとチーズ、サプリメントなどが充実、トレイダー・ジョーズはワインやクラッカーなどの種類が豊富です。眺めているだけでも楽しく過ごせる

ファーマーズ・マーケットの一コマ。手前の小粒イチジクはワインとよく合う

エリアです。

❖ ファーマーズ・マーケット（Napa Farmers' Market）

ワイン・カントリーらしい楽しみ方のひとつは、朝のファーマーズ・マーケットです。オーガニック野菜以外にも、手作りジャム、手作り工芸品など種々の特産品が販売されています。マーケットを見物しつつ朝食をここで楽しんでみるのも一興です。マーケットが開かれるのは、火曜と土曜の朝８時半から午後１時まで。ナパヴァレーでは一番規模が大きいファーマーズ・マーケットです。場所はナパ市の南側（195 Gasser Drive, Napa）、ハートル・コート（Hartle Court）沿いの映画館（Century Napa Valley and XD）横になります。ちなみに、サンフランシスコのフェリー・プラザのファーマーズ・マーケットは規模が大

きく、土曜を中心に火〜木曜もやっていますので、帰国途上に訪れてみてもよいかもしれません。

ナパ市のミュージアムとアミューズメント

❖ コピア（COPIA）

オックスボウ地区にあるコピア（COPIA）はワインと食について学べるミュージアムとして2001年に開館しました。現在はCIAグレイストーン校の分校として活用され、有料のワインテイスティングやクッキング・デモもあります。館内にはナパヴァレーのワインづくりに貢献した人々が壁に展示され、「カリフォルニア・ワインの父」と呼ばれたアンドレ・チェリチェフの銅像もあります。このミュージアムの建設に私財を投じたロバート＆マーグリット・モンダヴィ夫妻が乾杯している銅像も建物の屋上に設置されています。

❖ ディ・ローサ（di Rosa Center for Contemporary Art）

ナパ市の南、ハイウェイ12号線（Hwy.12＝Sonoma Hwy.）沿いの桁外れに広い土地にさまざまなモダンアートの作品を展示しています。12号線を挟んで南側には、スパークリング・ワインでおなじみのドメイン・カルネロスがあります。

❖ ヘス・コレクション（The Hess Collection）

マウント・ヴィーダーの山の中、ワイナリーのヘス・コレクションに併設されたギャラリーです。創業者のドナルド・ヘス（Donald Hess）が収集したモダンアートの作品が収蔵、展示されています。

ワイン・トレインのバー車両

❖ ナパヴァレー・ワイン・トレイン

（Napa Valley Wine Train）

ワイン・カントリーの景色を眺めつつ、列車内でワインを飲みながらランチまたはディナーを楽しめるのがワイン・トレインです。車両は、ヴィスタ・ドーム（Vista Dome）、グルメ・エクスプレス（Gourmet Express）など何種類かあります。オックスボウ・パブリック・マーケット近くにある乗車駅から出発し、セント・ヘレナとの間を往復します。ランチ、ディナーともに所要は約3時間ですが、乗降の手続きもあるので少し余裕を見ておいたほうがいいでしょう。ワイン・トレインにはこの基本コースのほかに、ワイナリー・ツアーをパッケージしたものもあります。半日ツアーではガーギッチ・ヒルズ（Grgich Hills Estate）かレイモンド（Raymond Vineyards）を訪ねます。これよりも多くのワイナリーを訪問する1日ツアーもありますが、催行の有無や頻度は季節により異なります。運行日や訪問ワイナリーについての最新の情報はインターネットでチェックしてみてください（https://www.winetrain.com）。

❖ ゴルフ

イーグル・ヴァインズ・ゴルフクラブ（Eagle Vines Golf Club）は、ナパ市の南側、アメリカン・キャニオン（American Canyon）に位置するゴルフ場です。日本の会社がオーナーなので、ランチではカツカレーやカリフォルニアロール等の和食系メニューを楽しめます。その隣にあるのがシャルドネ・ゴルフクラブ（Chardonnay Golf Club）。双方とも、ナパヴァレーならではの葡萄畑に囲まれたコースでプレイすることができます。ナパ市の北東部、アトラス・ピーク・ロード（Atlas Peak Rd.）沿いにあるリゾート、シルヴァラード・リゾート（Silverado Resort & Spa）はPGA公認のゴルフ場を併設しており、有名公式トーナメントも開催されます。ゴルフ好きのかたは宿泊とセットで訪ねてみてはどうでしょうか。

イーグル・ヴァインズ・ゴルフクラブ。
写真フレームの右外には葡萄畑がある

ヨントヴィル
Yountville

ナパ市から29号線を北上して最初に出会う町がヨントヴィル（Yountville）です。1838年にナパヴァレーで最初に葡萄栽培とワインづくりをした、ジョージ・ヨント（George Calvert Yount）が住んでいたことから、ヨントの村、すなわちヨントヴィルという町名になりました。

ヨントヴィルは美食の町として全米に知られ、ナパヴァレーのなかでは観光客に最も人気のある町といっても過言ではありません。29号線と並行して走るワシントン・ストリート（Washington St.）には、約１kmの間に星付きのレストランが点在しています。夜も安心して歩くことができ、ゴージャスな宿があり、町自体もコンパクト。まさに観光客向きの町です。

近年のヨントヴィルで特徴的なことは、トーマス・ケラーのTKG（Thomas Keller Restaurant Group）によるレストランが町を席捲していることです。そしてシェフ、マイケル・キアレロ（Michael Chiarello）関連のレストランのボッテガ（Bottega）やショップが、ショッピングセンターのVマーケットプレイスに数多く出店していることも挙げられるでしょう。

もうひとつ注目すべきは、ワイン界の風雲児として脚光を浴びているフランス人、JCBことジャン・シャルル・ボワセ（Jean-Charles Boisset）が率いるボワセ・コレクション（Boisset Collection）による、JCBヴィレッジ（JCB Village）が2016年にオープンしたことです。ここにはバカラ（Baccarat）を使用したワイン・テイスティングと装飾品の販売を行うJCBサロン・プリヴェ（JCB Salon Privé）、チーズやプロシュート等の高級食材店のアトリエ・ファイン・フーズ（Atelier Fine Foods）、シャネル等を扱うブランド・ショップのセンシーズ・バイ・JCB（Senses by JCB）で構成されています。食関連の店が中心だったヨ

JCBヴィレッジの一角

ワシントン・ストリート沿いにあるVマーケットプレイスの向かいから。フルーツのモニュメント

ントヴィルにファッション要素も加わりました。

ヨントヴィルのレストラン

ヨントヴィルといえばミシュラン３つ星のフレンチ・ランドリー（The

French Laundry）に人気実績とも勝る店はありません（P90参照）。シェフ、トーマス・ケラー（Thomas Keller）はTKG（Thomas Keller Restaurant Group）を率い、次々に新しい店を出店し人気を得ています。

かつてトーマスが兄に任せていたビストロ・ブション（Bistoro Bouchon）のヨントヴィル本店、いつも行列ができるパンとパティスリーの店、ブション・ベーカリー（Bouchon Bakery）、トーマスが子供のころ食べた料理（南部料理がベース）をコンセプトにしたアド・ホック（ad-hoc）、そして2019年にオープンしたメキシコ料理店のラ・カレンダ（La Calenda）です。かつての人気店レッド（Redd）の跡地にも新店をオープン予定です。ちなみにトーマスは、2004年にニューヨークにパ・セ（Per Se）出店して３つ星を獲得、ラスベガス

ビストロ・ブション（左上）、ブション・ベーカリー（左中段）とそのアウトドア席（左下）。右上はアド・ホック、右下はラ・カレンダ

にもビストロ・ブション（Bistoro Bouchon）を出店しています。

一時はトーマス・ケラーと人気を二分したシェフ&起業家がマイケル・キアレロです。彼はセント・ヘレナのトラ・ヴィーン（Tra Vigne）のほか、数々のレストラン経営や通販事業などを手掛けたあと、2009年、ヨントヴィルのVマーケットプレイスにボッテガ（Bottega）をオープンしました。彼の料理は、ガーリックとオリーブ油をふんだんに使った南イタリア&シチリア料理です。このレストランの隣には、ピザやワイン、コーヒー等を気軽に楽しめ、食器や雑貨も販売する店、オッティモ（Ottimo）があります。また最近、すぐそばにタパス料理の店コクエタ（Coqueta）も開店しています。

ヨントヴィルの食に寄与したもうひとりの人物が、フィリップ・ジャンティ（Philippe Jeanty）と彼のビストロ・ジャンティ（Bistro Jeanty）です。彼は1977年のドメイン・シャンドンのオープン時に、そのレストランのセカンド・シェフとしてブルゴーニュから派遣されました。その後フランスには帰国せずに、1998年にシャンドンのレストランを辞めてビストロ・ジャンティをオープンしました。カリフォルニア料理に飽き、しっかりした本格派フレンチを召し上が

左下はラ・カレンダのタコスと料理カウンター、右上はマイケル・キアレロのボッテガ、右下はビストロ・ジャンティ

りたい人にお勧めの１つ星レストランです。

ヨントヴィルのかつての有名シェフをもう一人。ラザフォードのリゾート、オーベルジュ・デュ・ソレイユ(Auberge du Soleil)のレストランでシェフを務めたリチャード・レッディントン(Richard Reddington)です。彼がヨントヴィルに2005年にオープンしたカリフォルニア料理のレッド(Redd)は２つ星を獲得し、その後、カジュアルなグリル料理のレッド・ウッド(Redd Wood Grill)もスタートします。しかし、彼の体調不良を理由にレッドは2018年に閉店しました。レッド・ウッドは今もノース・ブロック・ホテル（North Block Hotel）のレストランとして、ピザやパスタ、ハンバーガーの人気店として健在です。

レッド・ウッドの斜め向かいにあるイタリアン・レストラン、チッチョ（Ciccio）は夜だけの営業です。濃厚なニンニク・オリーブ料理のボッテガに比べるともう少し軽めのイタリアンです。

カリフォルニア料理のルーシー（Lucy Restaurant & Bar）は、メインのワシントン・ストリートからヨント・ストリート（Yount St.）へ少し入ったところにあります。葡萄畑に宿をつくるのが難しければ、宿の周りを葡萄畑にすればよい、とつくられたホテル、バーデッソノ（Bardessono）のレストランです。

地元の人たちも利用するのが、ルーフ・トップ席のあるプロティ（Protéa）です。キューバ系のカリブ海料理で少し辛めですが、手頃な値段で美味しく、

左はレッド・ウッドのピザ、右はプロティ

持ち帰りにもお勧めの店です。

ヨントヴィルの北側、29号線とマディソン・ストリート（Madison St.）の交差点に、2013年にオープンしたのがカリフォルニア料理のアール・プラス・ディ・キッチン（R＋D Kitchen）です。親会社はヒルストーン（Hillstone）グループで、サンタ・モニカ、ダラス、ニューポート・ビーチにも同名のレストランを展開しています。ラザフォードにあるラザフォード・グリル（Rutherford Grill）もこの会社の運営によるもので、双方の店の構造、設計がそっくりです。オープン当初に比べると、メニューの最上段の大きなスペースに寿司メニューがあり、努力の跡が窺えました。ヨントヴィルにはアジア系のレストランがないうえに、今や寿司はカリフォルニア料理の一種になっているからです。

軽い朝食にパンとコーヒーをアウト・ドアで楽しみたいが、ブション・ベーカリーに並ぶのも面倒、という方にお勧めしたいのがモデル・ベーカリー（Model Bakery）によるミニ・ベーカリー（Mini Bakery）です。列車の車輌を利用したホテル、ナパヴァレー・レイルウェイ・イン（Napa Valley Railway Inn）横にあります。

ヨントヴィルの町から29号線（St. Helena Hwy.）で、オークヴィル方面に向かって北上したところにあるレストランが、ブリックス（Brix）です。店内とバックヤードの庭が融合し、ワイン・カントリーの雰囲気をうまく醸し出して

ブリックスのガーデン席

います。ハイシーズンにはどのレストランでも長い待ち時間を覚悟する必要がありますが、この店には店内外に多くの席があるので安心です。料理もワイン・カントリーらしいメニューで、ハウス・ワインはレストラン裏の葡萄畑の果実を使用した、本当の意味でのハウス・ワインだそうです。以前に訪ねた時と比べてかなりステップ・アップした感がありお勧めです。この店には、昔シダックス・グループからワインの調査のため派遣されて、そのままこちらに住みついた日本人女性、杏・ヨーコ・ボスティックさんが勤務しています。彼女からのアドバイスがあります。日本人のチップは少なくて、仲間からケチだといわれているそうです。ウエイターの給料はチップで成り立ちますので、最低20%は心掛けてくださいとのこと。

ブリックスのほんの少し先にあるマスターズ・グリル（Mustards Grill）は1983年創業の、ナパヴァレーでまだ女性オーナー&シェフが珍しかった頃から活躍している女性シェフ、シンディー・ポールシン（Cindy Pawlcyn）さんのレストランです。店の前にはオーガニック菜園があり、ワイン・カントリーらしさを演出しています。料理にもこだわりがあってとても美味しいです。名物はモンゴル風ポークチョップですが、オニオンリング・フライやポテト・フライ・チップスも、たかがサイド・ディッシュとしては片付けられない、この店ならのユニークさがあります。どちらも、これでもかと盛られたその量たるや、もうビックリの一言です。サンフランシスコ国際空港の出発ゲートにもこのマスターズ・グリルが出店していますので、現地でお確かめください。

マスターズ・グリルの入り口モニュメントと山盛りのフライチップス

ヨントヴィルの「ワイン・サロン」

近年、ヨントヴィルにはセラー（Cellar）という名の、ワイン・サロン店が誕生しています。せっかくワイン・カントリーに来たのだから昼間もワイン、という方には最適な、カフェ代わりに使えるワイン・サロンです。ラウンジ風のゆったりとしたソファでくつろげる店、外の光と風をたっぷり取り込んだオ

RHワイン・ヴァルト（右）と
ステュワート・セラーズ（下）

ープン・カフェのような店、簡単な食事もできる店とさまざまです。代表的な店がRH ワイン・ヴァルト（RH Wine Vault）。ノース・ホテル隣でアート・ギャラリーも併設しています。ガラス張りの店内にはオリーブの木が生えていて、バカラのシャンデリアとの組み合わせが不思議に合うのも面白いです。ワシントン・ストリートを隔てて斜め向かいにあるのが、ステュワート・セラーズ（Stewart Cellars）です。フラッグシップとなるワインは、オークヴィルの銘醸畑ト・カロンの栽培家として有名なベクストファー（Beckstoffer）の葡萄を使った〈NOMAD〉ですが、ソノマのワイナリーに委託生産したシリーズもあり、軽い食事もできます。ほかにも、ジェサップ・セラーズ（Jessup Cellars）、ヘスタン（Hestan Vineyards Tasting Salon）、ホープ＆グレイス（hope & grace wines)、シルヴァー・トライデント（Silver Trident Winery)、プリースト・ランチ（Priest Ranch Wines）等があります。この形態の最古参といえるのが、ジラード（Girard Winery）のテイスティング・ルームといえるでしょうか。ジラードは、2018年にカリストガに新しいワイナリーを建築しました。

ヨントヴィルの宿

ナパヴァレー随一の観光の町なので宿泊代もそれなりに高くつきますが、幾つもの美味しいレストランに歩いて行け、葡萄畑がすぐそばにあり、気軽にワイン・カントリーの雰囲気を味わえる魅力のエリアです。2008年頃まではイン（Inn）形式の宿泊施設が主流でしたが、近年は新しいホテルの誕生と、インからホテルへの移行が続いています。移行してもサービス形態はあまり変わっていないところを見ると、インよりホテルのほうが高級感を感じさせるからかもしれません。

先に紹介した、癒しと自然派エコをモチーフにして、ホテル周りに葡萄畑をつくったのが、バーデソッノ（Bardessono)。小ぶりながら人気が高いのがノース・ブロック・ホテル（North Block Hotel）です。インからホテルへ変更したものとしては、ホテル・ヨントヴィル（Hotel Yountville)、ホテル・ヴィラジオ（Hotel Villagio)、ナパヴァレー・ロッジ（Napa Valley Lodge）があります。これらのホテルも以前と同様にブッフェ・スタイルの朝食を出している様子です。ヴィンテージ・ハウス（Vintage House）はまだインと名乗り、以前同様の朝食付きです。

ヨントヴィルのアミューズメント、 熱気球

ヨントヴィルでは春から秋にかけて、気候の安定した日の早朝６時前後に熱気球が飛び立ちます。気球は高度300〜900mに達し、空から眺める葡萄畑、遠くに見える山並みの光景は圧巻です。早起きするのは大変ですが、早朝は風があまり吹かず、気温が低く大気が安定しているので、気球のフライトに適しているのです。バルーンの定員は６人乗りや12人乗り、20人乗りといろいろあります。気球に乗っている時間は１時間前後ですが、チェックイン後のフライトの準備、着陸後の朝食サービスなどを含めると、午前10時近くまでは予定しておいたほうがいいでしょう。なかにはワイン・ツアーとセットになったパッケージもあります。高いところが苦手の方も、次々と空に舞い上がるカラフルなバルーンを地上から見上げるだけで、現実感のない不思議議な光景に感動します。

ヨントヴィルの早朝、飛び立つ熱気球

ヨントヴィルを本拠としている気球ツアーの会社には、ナパヴァレー・バルーンズ（Napa Valley Balloons、https://napavalleyballoons.com)、ナパヴァレー・アロフト・バルーン・ライド（Napa Valley Aloft Balloon Rides、https://nvaloft.com）などがあります。ナパヴァレー・バルーンズの発着場所は、ヨントヴィルの南側にあるヴィントナーズ・ゴルフクラブ（Vintner's Golf Club)、ナパヴァレー・アロフト・バルーン・ライドはヨントヴィル中心部のVマーケット・プレイスとなりますが、リクエストすれば宿までバンで迎えに来てくれます。

気球ツアーの会社はヨントヴィル以外にもありますので、旅行の日程に応じて最適の会社を探してみてください。

ナパ市にあるのがバルーン・アバヴ・ザ・ヴァレー（Balloons Above the Valley、https://balloonrides.com)。集合場所はオックスボウ・パブリック・マーケットのモデル・ベーカリー前です。北のカリストガにはカリストガ・バルーンズ（Calistoga Balloons、https://www.calistogaballoons.com）があります。

オークヴィルとラザフォード
Oakville & Rutherford

⇜ オークヴィルのランドマーク、 オークヴィル・グロッサリー

ナパヴァレーのほぼ中心に位置するのが、オークヴィルの町です。

そのランド・マークが、壁面にコカ・コーラの看板がペイントされたヴィクトリア調の建物、オークヴィル・グロッサリー（Oakville Grocery）です。1881年にオープンし、これまで継続して営業を続けてきた店としてはカリフォルニア州はもちろん、アメリカ西海岸で一番古いとされています。オーパス・ワン（Opus One）の隣に位置し、飲み物や食べ物も充実しているので、ちょっとした休憩やランチに最適の場所です。お土産として使えるジャムなどの食品、雑貨などもあります。この店だけでしか入手できない、創業年号をブランドにした〈1881 NAPA〉というワインもお勧めです。とても美味しいうえに、ボトルのデザインもお洒落で、ロゼのボトルはワインを飲みほした後にウォーター・ピッチャーにも利用できる、いわゆる二度楽しめるワインです。

1881年創業のこの店は、1904年に隣人のデュラン（Fred Durrant）とブース（Joseph Booth）が購入して営業を続けます。2007年にはワイナリーのオーナーのレスリー・ラッド（Leslie Rudd）が購入し店舗を補修。これを2019年１月にJCB（ジャン・シャルル・ボワセ）が引き継ぎました。彼が初めてナパを訪れたのは11歳の頃。そのとき妹と一緒によく買い物をしたお気に入りの店であったことが、今回の買収につながりました。

この店に隣接しているのが「1881 NAPA ワイン・テイスティング&歴史ミュージアム 」（1881 NAPA Wine Tasting & History Museum）です。オークヴィル・グロッサリーを1904年頃所有していたオーナーの家を改築して、JCBの手によってオープンしました。この２階には、ナパヴァレー・ワインの歴史を物語る写真や古い作業道具などを展示した無料のミュージアムがあります。ナパヴァレーのワインづくりに寄与した人々とAVA名のルーツ、当時の地図、ワインづくりの歴史がわかるパネルなどを見て知ることができます。１階は〈1881 NAPA〉ワインのテイスティング・ルームです。試飲すると、ミュージアム裏

上はオークヴィル・グロッサリー。下はオークヴィル・グロッサリー隣の1881 NAPAの建物で、右はその2階にある歴史ミュージアムから見た1階のワイン・テイスティング・ルーム

のソファ席を利用できるので、いつも混んでいるオークヴィル・グロッサリーの屋外のイートインを避け、ゆったりした席でピザやサンドイッチを食べたいという方には、こちらでの試飲をお勧めします。

オークヴィルのワイナリー

オークヴィルには、ナパヴァレーを代表するオーパス・ワン（Opus One）、ロバート・モンダヴィ（Robert Mondavi Winery）をはじめ、ファ・ニエンテ（Far Niente Winery）、カーディナル（Cardinale Estate）、シルバー・オーク（Silver Oak Napa Valley）、グロース（Groth Vineyards & Winery）、ニッケル&ニッケル（Nickel & Nickel）、ターンブル（Turnbull Wine Cellers）など、有名ワイナリーが揃っています。

ラザフォードのレストランと宿

29号線をさらに北上すると出会うのはラザフォードです。葡萄畑に囲まれた小さな町の中心にあるのが、さびれた古い駅舎跡、その背後にあるイングルヌック（Inglenook）、高いパーム・ツリーを日傘代わりにしたレストランのラザフォード・グリル（Rutherford Grill）です。隣のボーリュー・ヴィンヤード（Beaulieu Vineyard）は建物が緑の蔦に覆われ、歴史を感じさせます。

この町に来たら、ラザフォード・グリルで食事をし、そこから徒歩約１分のランチョ・ケイマス（Rancho Caymus Inn）に泊まることをお勧めします。

ラザフォード・グリルは典型的なカリフォルニア料理の店で、味も良いです

ラザフォードのランド・マークのひとつ、歴史あるワイナリーのボーリュー

交差点にあるラザフォード・グリル（左）とランチョ・ケイマス（下）

が量も多いのが特徴です。ワイン・ボトルの持ち込みが無料で、持っていけばグラスを用意してくれます。このため、地元のワイン関係者がスタッフを連れて利用している光景をよく見かけます。料理のオーダーの際は、３人で２人分の料理を頼むのがちょうど良いかなと思います。人気料理のひとつはプライム・リブですが、ランチ時にはこの端を削り取ってつくったサンドイッチがお勧めです。

ランチョ・ケイマスをお勧めするのは、ナパヴァレーのほぼ中心部にあるのでどこへ行くにも便利という利便性、さらに、スペイン領メキシコ時代をイメージしたスパニッシュ・コロニアル風のデザインで統一されたユニークで素敵なインだからです。ちなみにケイマスという名前は先住民の部族名です。最近、客室の内装と風呂などの設備を改装し終えたこともポイントが高く、イン形式ならではの定番、ブッフェ式朝食はお勧めです。

ラザフォード・ロード（Rutherford Rd.）とシルヴァラード・トレイルが交差する、山の中腹にある高級リゾート、オーベルジュ・デュ・ソレイユ（Auberge du Soleil）もお勧めの宿泊施設です。

ラザフォードのワイナリー

ラザフォードといえば、フランシス・コッポラ監督のワイナリー、イングルヌック（Inglenook）は外せません。重要なワイナリーなので、その歴史を少し辿ってみましょう。

1879年、元船長のフィンランド人、グスタブ・ニーバウムがラザフォードに創設したのがイングルヌックです。その後、一貫して高品質のワインをつくり、誰からもナパヴァレーを代表する名門ワイナリーとして認められてきました。19世紀末のフィロキセラによる被害、20世紀に入ってからの禁酒法にダメージを受けつつ、1939年、ニーバウム未亡人スザンヌは姪の息子、ジョン・ダニエルJr.（John Daniel Jr.）に経営を引き継ぎました。ダニエルには名門にふさわしい温和さと礼儀正しさがあり、地域社会においても一目置かれる人物でしたが、採算を顧みないワインづくりが、ワイナリー経営を圧迫してゆきます。妻の奔放な生活、頼りにしていたワインメーカー、ジョージ・ドエラーの引退も重なり、1964年、イングルヌックは葡萄生産者連合に売却されることになりました。

その葡萄生産者連合による経営も長く続かず、1968年には大手リカー会社ヒューブラインに買収されます。リカー会社が派遣した若い経営者は、これまでのワインづくりを無視し、効率と利益を追求した挙句、ワインの品質と評判を凋落させ、優れた人材まで出ていかざるを得なくなりました。その後、イングルヌックは迷走を続けます。

そこに現れたのが映画監督のフランシス・フォード・コッポラです。1975年、映画『ゴッドファーザー』が大ヒットした彼は、その収益でイングルヌックのワイナリー奥の家屋を購入。1995年（1979年説も）にはワイナリーの建屋と畑も購入し、ニーバウム-コッポラ・エステイト（Niebaum-Coppola Estate）としてワイナリーを復活させたのです。しかし、その映画ミュージアム的なワイナリーづくりに批判を受け、嫌気がさしたコッポラは、ニーバウム-コッポラ・エステイトをワインづくりに集中させ、ワイナリーの名称もルビコン（Rubicon Estate）と変えました。ルビコンは、当時のゼネラル・マネージャー兼ソムリエのラリー・ストーン（Larry Stone）自身のサンフランシスコにあるレストランの店名から名づけられたと推測します。2011年、コッポラはカナンダイグア

イングルヌックの建物（左上）と正面玄関を入ったところ、ステンド・グラスのある階段（右上）。下はフロッグス・リープの入口正面にあるバーン（倉庫）

(Canandaigua）の手に渡っていた「イングルヌック」の商標権を高額で買い戻し、ワイナリー名をイングルヌックに変更し、現在に至っています。

ラザフォードにはほかにも名門ワイナリーが多くあります。建物も魅力的なボーリュー・ヴィンヤード（Beaulieu Vineyard)、マイク・ガーギッチのガーギッチ・ヒルズ（Grgich Hills Estate)、ケイマス（Caymus Vineyards)、マム（Mumm Napa）等もお勧めワイナリーです。フロッグス・リープ（Frog's Leap Winery）は元ヒッピーだったジョン・ウィリアムス（John Williams）の美味しい自然派ワインです。地味ですがエリザベス・スペンサー（Elizabeth Spencer Winery）もお勧めです。他にもサンスペリー（St.Supéry Estate Vineyards & Winery)、ペジュー（Peju Winery）など。

セント・ヘレナ
St.Helana

瀟洒な町、 セント・ヘレナ

ラザフォードから29号線をさらに北西に進みセント・ヘレナに入ると、29号線は通称メイン・ストリート（Main St.）とも呼ばれるようになります。このメイン・ストリート沿いには、古い瀟洒な商店とレストランが建ち並び、少し脇の路地に入ってみると、可愛いイングリッシュ・ガーデン調の草木をあしらった家、あるいはアーリー・アメリカン風のテラスがある家が品よく佇んでいます。この町を素敵に感じさせるのは、それだけではありません。この町に住む人たちのマナーが素晴らしいのです。店のドアやレジで住民と出くわすと、

セント・ヘレナのメイン・ストリート

必ずお先にと譲ってくれます。ナパヴァレーでは2番目に人口が多い町ですが、騒がしい感じがしないのは、住んでいる人たちの品の良さと知的な雰囲気が漂っているせいかもしれません。

住民の生活を支えるのは、食品中心のふたつのスーパー・マーケットです。ひとつは地元の店サンシャイン・マーケット（Sunshine Foods Market）で、例えばお刺身用の新鮮な魚を頼んでおくと、入荷した時点で届いたよと電話をしてくれます。もうひとつはセイフェ（Safeway）というカリフォルニア州アラメダ郡に拠点を置くチェーン店です。こちらも地元密着型を標榜して、店員さんのフレンドリーさが売りです。これら2店の共通点は、ワインの品揃えが非常に充実していることです。肉・魚・野菜・惣菜といった売り場を問わず、レジ周辺まで大量に陳列するほどのワインへの入れ込みようです。

ナパヴァレー・コーヒー・ロースティング・カンパニー（Napa Valley Coffee Roasting Company）も地元住民から愛されています。コーヒー豆を焙煎して、レストランやワイナリー、個人に独自のブレンド豆を売る店ですが、自家焙煎で淹れたてのコーヒーを飲める広い席があり、住民の憩いの場、打ち合わせや待ち合わせの場として、料理学校CIA（The Culinary Institute of America）の学生の勉強の場としても利用されています。セント・ヘレナの町のリビングのような存在です。

セント・ヘレナのレストラン

セント・ヘレナ自慢の店としてまず挙げられるのがハンバーガー店のゴッツ（Gott's Roadside、P100参照）です。かつてはテイラーズ・リフレッシャー（Taylor's Refresher）という名でしたが、ハンバーガーの美味しさは変わりません。

町のほぼ中心にあるモデル・ベーカリー（THE MODEL BAKERY）は、創業して90年近くになる、パンとパティスリーの店です。ナパ市のオックスボウ、ヨントヴィルにも支店を出しています。アメリカで国民的人気を誇るテレビ司会者のオプラ・ウィンフリー（Oprah Gail Winfrey）が、この店のイングリッシュ・マフィンが美味しいと発言したことで、人気に拍車がかか

モデル・ベーカリー本店

りました。朝食にこのイングリッシュ・マフィンを出すホテルやインもあるくらいです。

セント・ヘレナの南側からレストランをチェックしてみましょう。

2004年創業のプレス（PRESS、P99参照）は先にもご紹介したお勧めレストランです。プレスからさらに600mほど行くと、ハーヴェスト・テーブル（Harvest Table）があります。かつてはハーヴェスト・イン（Harvest Inn）の宿泊客向けのレストランでしたが、2015年、チャーリー・パーマーの意向で一般客も受け入れるレストランとしてリニューアル・オープンしました。朝食から夕食までメニューが揃い、テラス席もあります。現在のシェフはクリス・カース（Chris Kurth）です。

2017年6月にオープンしたばかりですが、早くも話題の店として多くの客を集めている二重丸レストランが、ザ・チャター・オーク（The Charter Oak、P98参照）です。チャター・オーク・アベニューを挟んで隣にあるのが、牧場をモチーフにしたレストラン、ファームステッド（Farmstead at Long Meadow Ranch）で、アウトドア席やショップも併設しています。ザ・チャター・オークと並んで、セント・ヘレナに新しい息吹を吹き込んでいます。

ゴッツを左手に見てその少し先、右手にあるのがセント・ヘレナ・ビストロ（St.Helena Bistro）です。シェフはメキシコ系の努力家、イスラエルですが、この店のエッグプラント・パルメジャーノは私の大好物です。スプリング・ストリート（Spring St.）のグーズ&ガンダー（Goose & Gander）、さらにメイン・ストリートを進んだところにあるのがクック（Cook）、その向かい側がアメリカ料理のマーケット（Market）です。

メイン・ストリートのさらに先、ワイナリーのベリンジャー（Beringer Vinyards）を越えたあたりにあるのがCIAグレイストーン校（CIA Greystone）です。この料理学校が運営するゲイトハウス・レストラン（Gatehouse Restaurant）は、ディナーだけの営業でコース料理のみを提供しています。3品コースで45ドル、4品コースで55ドル、ソムリエによるワイン・ペアリングがプラス40ドルですから良心的な値段です。

カリストガ寄りに目を向けてみましょう。フリーマーク・アベイ（Freemark Abbey Winery）の敷地内にあるのがロードハウス29（Roadhouse 29）で、気軽に行けるアメリカン・タイプのカジュアルなレストランです。アメリカ人が好むメニューが並び、お勘定書にはチップ欄もありません。2019年1月にオープンした新しい店です。以前、建物の老朽化もあって住民に惜しまれながら閉店

左はファームステッドのアウトドア席。右はブラスウッドのモッツァレラ料理とパスタ

したレストラン、シルバラード・ブリューイング（Silverado Brewing Company）があった場所です。

その300mほどカリストガ寄り、かつてのセント・ヘレナ・アウトレット跡地に誕生したのは、イタリアン・レストラン、ブラスウッド（Brasswood Bar + Kitchen）です。お勧め料理は、メニューには載っていないモッツァレラです。ニンニクの効いた独自のオリーブ・オイルで溶かしたモッツァレラと、スライスして焼いたフランス・パンが、別々のプレートで運ばれて来ます。このモッツァレラをウエイターが切り分け、パンに載せるプレゼンテーション、その美味しさには思わずニッコリしてしまいました。この裏メニューは、旅行会社H.I.S.のガイド、TOMOKAさんに教えてもらいました。元トラ・ヴィーンのシェフによる料理とのこと。このレストランは同名のワイナリー内にあり、ほかにテイスティング・ルームとデリも扱うパン屋さんがあります。

かつてこの町を代表するレストランだった、日本人シェフのヒロさんのテラ（TERRA）、女性シェフ・シンディーさんのシンディーズ・バックストリート・キッチン（Cindy's Back Street Kitchen）が閉店したのはとても残念ですが、セント・ヘレナには新しいレストランが誕生し続けています。

セント・ヘレナのワイナリー

周辺には数々の歴史ある名門ワイナリーがあり、セント・ヘレナの町に風格を与えています。そのひとつがベリンジャー（Beringer Vineyards）で、ドイツから来た２人の兄弟が1876年に創業しました。そのラインハウス（The Rhine

歴史的建造物に登録されたベリンジャーのラインハウス

House）は、歴史的建造物として登録されています。ワイナリー前の29号線沿いの楡の並木道の存在も無視できません。ベリンジャー兄弟が、ワイナリーの前の道端でワインを売るために木陰が欲しいと考え植樹したものですが、今も町の人々やこの通りを行き交う人々に潤いを与えています。ベリンジャーは1972年にはスイスのネスレに買収され、2011年からはオーストラリアのトレジャリー・ワイン・エステイツの傘下に入り、日本のサッポロビールと販売提携しています。

道路の反対側には、ナパヴァレーで最初の商業ワイナリーとされるチャールズ・クルッグ（Charles Krug）ワイナリー、少し先の交差点には1874年の創業以来継続して操業を続けているワイナリーとしては4番目に古いマーカム・ヴィンヤーズ（Markham Vineyards）もあります。新しいところでは、プリゾナー・ワイン・カンパニー（The Prisoner Wine Company）やレイモンド（Raymond Vinyards）が人気です。

セント・ヘレナの宿

ナパヴァレーで最も住みたい町といわれるほど人気が高く、ナパ市、ヨントヴィルと並んで美味しいレストランが多くあり、周辺には多数の名門ワイナリー。こんなお洒落な町で、ワイナリーと食を楽しみたいというかたはぜひ滞在

上はベリンジャー前の楡の並木道。左下はメドウッドのロビー棟。右下は新しく出来た宿、ラス・アルコバス

してみてください。

少し中心部から離れますが、メドウッド（Meadowood Napa Valley）は、１本1,000ドルも超えるカルト・ワイン、ハーラン（Harlan Estate）のオーナーでもあるビル・ハーラン（Bill Harlan）が所有する高級リゾートです。施設には公式トーナメントも開催されるクリケット場、９ホールのゴルフ・コース、７面のテニス・コート、プールなどがあります。オークション・ナパヴァレーのライヴ・オークションが開催されるリゾート施設ということでも知られています。施設内の３つ星レストラン、ザ・レストラン・アット・メドウッドは多くの有名シェフを輩出し、現在はクリストファー・コストウ（Christopher Kostow）がエグゼクティブ・シェフを務めています。

町の中心部では、ゴッツに近いサウスブリッジ（Southbridge Napa Valley）、ベリンジャーの隣に最近開業したマリオット系のラス・アルコバス（Las

Alcobas)。インとしては、ハーヴェスト・イン（Harvest Inn)、ヴィンヤード・カントリー・イン（Vineyard Country Inn)、少し離れたところには、葡萄畑の真っただ中にあるワイン・カントリー・イン（Wine Country Inn）などいろいろあります。

セント・ヘレナのミュージアム

❖ロバート・ルイス・スティーブンソン・ミュージアム

（Robert Louis Stevenson Museum)

『ジキルとハイド』『宝島』等の作品で日本でも有名な作家、スティーブンソンのミュージアムです。セント・ヘレナ公立図書館内に併設されています。1880年、ナパヴァレー・ワインの黎明期にこの地を訪れた彼は、著書『The Silverado Squatters』（シルヴァラードの人々）に、当時のワインづくりの様子やワインの将来性について書き残しています。ナパヴァレーの歴史を語るうえでとても重要な書物です。ミュージアムでは、彼の作品や自筆原稿、手紙などを展示しています。近くには、ナパヴァレーのワイン生産者協会、NVV（Napa Valley Vintoners）の本部もあります。

column

未来のシェフ、ソムリエが学ぶ CIAグレイストーン校

現在、校舎として利用している古く威厳あるシャトー風の建物は、1889年にウィリアム・バウワーズ・ボーンII（William Bowers Bourn II）が、ワイン醸造家たちの共同ワイナリー、グレイストーン・セラーズ（Greystone Cellars）のために建てたものです。その後、1945年〜1989年の間はフランスから来た修道士たちが、クリスチャン・ブラザーズの名でワインをつくり、全米に知られるワイナリーとなりました。しかし1993年には、アメリカ二大料理学校の一つ、CIA（The Culinary Institute of America）に売却され、1995年からはCIAのグレイストーン校として運営され、たくさんの学生たちが学んでいます。一度料理人として働いたことのある人、あるいはプロを目指す若者たちの眼差しは真剣で、その片鱗を併設のレストランやショップで感じることができます。近年、寄付金によって充実した設備の教室が増設され、ソムリエ養成部門もできました。ワイン・カントリーならではの料理学校です。

本館入り口横には、調理器具やウエアを販売するショップとベイカリー・カフェ・バイ・イリー（The Bakery Café by illy）もあります。

左はロバート・ルイス・スティーヴンソン・ミュージアムの案内兼広告フラッグ。下はナパヴァレー・オリーブオイル・カンパニー

セント・ヘレナでショッピング

❖ナパヴァレー・オリーブオイル・カンパニー

(Napa Valley Olive Oil Company MFG.)

セント・ヘレナのチャター・オーク・ストリート（Charter Oak St.）の突き当たりにあります。目立たない路地裏ですが、オレンジ・フレイバー、バジル・フレイバーなど各種オリーブオイル以外にも、トリュフ・ソルトなど面白いものを見つけられます。支払いは現金のみですのでご注意を。

❖ナパ・ソープ・カンパニー (Napa Soap Company)

メイン・ストリート沿い、ゴッツの南側に、本店兼製造所があります。面白い名前の付いたお洒落なパッケージのナパヴァレー名物の石鹸です。いろいろなところで見かけますが、やはり本店に行くと種類が豊富です。

❖ファーマーズ・マーケット (St. Helena Farmers' Market)

メイン・ストリートからグレーソン・アベニュー（Grayson Ave.）に入ってセント・ヘレナ高校を越えると、左手に野球場とテニスコートを備えたクレーン・パーク（Crane Park）があります。セント・ヘレナのファーマーズ・マーケットは、そのクレーン・パークの南側で、5月から10月の金曜日のみ、朝7時半から正午まで開催されています。新鮮な野菜や果物、ジャム等に加え、私の友人で日本人のヒロコさんも個性的な陶芸品を販売しています。

カリストガ
Calistoga

正面に標高1323mの休火山セント・ヘレナ山が立ちはだかり、東西を山に囲まれた町がカリストガです。ナパヴァレー最北端の町です。

町のメイン・ストリートのリンカーン・アベニュー（Lincoln Ave.）には、ナパヴァレーの他の街町と一味異なる雰囲気があります。

セント・ヘレナ方面から29号線（128号線を兼ねる）を走り、右折してリンカーン・アベニューに入ると、最初に目に飛び込んでくる光景は通りに駐車した車の列です。ここで想像力を働かせ、駐車車両を、テラスに手綱で結びつけられた馬に置き換えてみると、西部劇に登場するような駅馬車が往来する町が現れます。現在コンクリートで舗装された道路も、昔は乾いた砂埃舞う土の道だったと想像すると、映画『真昼の決闘』に登場するシーンが瞼のスクリーンに映しだされてくるのです。実際このカリストガという町は、かつて村と村をつなぐ交通の要所として、駅馬車や馬に乗った旅人が行き交う村でした。

この町の北側にはタブス・レーン（Tubbs Ln.）という通りがあり、そこには観光名所のひとつ、オールド・フェイスフル・ゲイザー（Old Faithful Geyser）という間欠泉があります。そこは、19世紀頃までワッポ族と呼ばれるネイティブ・アメリカンの湯治場があったところとしても知られています。それだけに現在もカリストガには、温泉スパ（Hot Spring SPA）とマッド・バス・スパ（Mud Bath SPA）を売り物にする施設とインが数多くあります。

カリストガという町名の由来は、1862年にサム・ブレナン(Sam Brannan)という人物が、この地にサンフランシスコの富裕層向けの温泉リゾート施設を開発したことが発端です。サム・ブレナンは、アメリカ東部から西海岸へ、モルモン教布教のためにやって来た人物です。文才と商才を併せ持ち、サンフランシスコに新聞社『ザ・カリフォルニア・スター』を設立します。1848年には、サクラメントのサター川で砂金が発見され、いわゆる「カリフォルニアのゴールド・ラッシュ」が始まりました。このとき彼は、新聞紙上だけでなく、馬車で街中を回って「ゴールドだ！　ゴールドだ！」と煽る一方で、採掘に必要な

カリストガの町のメイン通り
リンカーン・アベニュー

スコップや食事のパンを、一攫千金を夢見る人々に高い値段で売り付けたのでした。

こうして得た資金で、以前から目をつけていたナパヴァレー北部の土地を購入、アメリカ東部ニューヨーク州のサラトガ（Saratoga）のようなリゾート地をつくりたくて、カリフォルニアの（California's）サラトガ（Saratoga）、すなわちカリストガ（Calis－toga）と命名します。これが地名の由来です。彼がこのリゾートを開発した土地は現在インディアン・スプリングス・リゾート（Indian Springs Resort）がある一帯です。1868年になると、政治力のある彼は、サン・パブロ湾の奥のナパ市とこの町を繋ぐナパヴァレー鉄道を開通させます。現在ワイン店やカフェが入っている建物、カリストガ・デポ（Calistoga Depot）は、当時の駅舎跡を利用したものです。ちなみにこのナパ市からセント・ヘレナに至る区間の線路を利用したのが、観光列車のワイン・トレインです。

カリストガのレストラン

29号線とリンカーン・アベニューの交差点で、モクモクと煙を上げる、バスターズ（Buster's Original Southern BBQ）はいかがでしょう。地元の人だけでなく、バイクでワイン・カントリーを旅するグループ、ソノマから山越えして来た人たちで混雑しています。お勧めは、薪火で焼いたビーフや鶏肉のサンドイッチです。ホット・ドッグとチリ・ビーンズも美味しいです。夜にはジャズ・ライブもやっています。ライブといえば、リンカーン・アベニューのハイドロ・グリル（Hydro Grill Restaurant & Bar）は、休日などには昼間から演奏していることもあります。食事を兼ねて訪れてはいかがでしょうか。

朝食や軽いランチにお勧めなのが、パンケーキが売り物のサラフォルニア（Café Sarafornia）です。ハイドロ・グリルの近くにあります。カリストガの命名とは逆に、サラトガのSaraとカリフォルニアのforniaを組み合わせた店名もユーモアがあります。2008年に映画『サイドウェイズ』日本版の撮影時に使用した店です。

カリストガは全般的にカジュアルな町ですが、少しお洒落な雰囲気で美味しい食事を、という人にお勧めしたいのは、リゾート施設ソラージュ（Solage）にあるレストラン、ソルバー（Solbar）です。アジア・テイストが懐かしくなったら、カリストガ・タイ・キッチン（Calistoga Thai Kitchen）、和食が食べたくなったらナパ市から移ってきたスシ・マンボ（Sushi Mambo）があります。

カリストガの宿

カリストガには、気楽なインやモーター・ロッジから、温泉も出るリゾート施設まで宿泊施設が幅広く揃っています。温泉を売りにしているのは、インディアン・スプリングス・リゾート＆スパ（Indian Springs Calistoga）やマウントビュー・ホテル&スパ（Mount View Hotel & Spa Napa Valley）などいろいろあります。

高級化も進んでいます。2007年、町から離れたシルヴァラード・トレイル沿いの目立たない山間に、１泊約30万〜50万円もする、超高級オーベルジュ、カリストガ・ランチ（Calistoga Ranch）ができたのです。さらにその数年後、もう少し一般的な値段で宿泊できる、自然に配慮した癒し系のリゾート、ソラージュ（Solage）が開業しました。どちらも、ラザフォードの高級リゾート、オーベルジュ・デュ・ソレイユ（Auberge du Soleil）によるものです。2020年には、フォー・シーズンズ・リゾート＆レジデンシーズ・ナパヴァレー（Four Seasons Resort & Residences Napa Valley）もオープンします。庶民的でローカルなイメージであったカリストガの宿泊施設のトレンドも変わりつつあります。

左上はソラージュのプール、右上は同リゾートのレストラン兼バーのソルバー、右は山間にあるカリストガ・ランチのプール・サイド

カリストガのワイナリー

この町を訪れる際には必ず、タブス・レーンにあるシャトー・モンテリーナ（Chateau Montelena Winery）を訪ねてください。ナパヴァレー・ワイン、あるいはカリフォルニア・ワインが陽の目を見るきっかけになった、「パリのブラインド・テイスティング」の主役といえるワイナリーだからです。このワイナリーには、いつかはフランスのワインのようになりたいと夢見た創設者、アルフレッド・L・タブス（Alfred L. Tubbs）がフランスのシャトー・ラフィットを真似て建設した石造りの建物が現存しています。しかしタブス自身は無念にも禁酒法に耐え切れず破産。その後約100年の歳月を経て、フランス・ワインを

打ち負かすという快挙をなしとげたのですから、歴史の不思議さを感じます。
近年オープンしたワイナリーでは、ブライアン・アーデン（Brian Arden Wines）やヴェンゲ（Venge Vineyards）もお勧めです。ロープウェイで山頂にあるワイナリーを訪れるスターリン（Sterling Vinyards）も楽しいです。

カリストガのミュージアムなど

❖シャープスティーン・ミュージアム（Sharpsteen Museum）
カリストガとナパヴァレーにまつわる歴史を分かりやすく展示しているミュージアムです。創設したのは若い頃この地で育ったベン・シャープスティーン(Ben Sharpsteen)。彼はウォルト・ディズニーの下で「ミッキーマウス」の映画シリーズや『ダンボ』等のアニメ映画の制作に従事し、退職後このミュージアムをワシントン・ストート（Washington St.）に開館しました。ナパヴァレーに西洋人が入植し始めた頃の様子、先住民の生活ぶり、鉱山採掘時の様子、幌馬車、サム・ブラナンが開発した温泉リゾートの模型等々、カリストガにまつわる品々を展示しています。彼のディズニー時代の作品も見ることができます。
❖ペトリファイド・フォレスト（化石の森：The Petrified Forest）
カリストガから山を越えてソノマに通ずる、ペトリファイド・ロードの山の頂上付近にあります。ごろんと転がっている化石化した樹木（珪化木）を見ることができます。作家のスティーブンソンも訪れています。水晶をはじめ各種鉱石類がお土産として売られています。
❖ベイル・グリスト・ミル州立歴史公園（Bale Grist Mill State Historic Park）
セント・ヘレナとカリストガの中間あたり、29号線沿いにあります。エドワード・ベイル（Edward Turner Bale）がつくらせたナパヴァレーで一番古い水

シャープスティーン・ミュージアム（上）とペトリファイド・フォレストの珪化木（右）

車小屋があり、実際に粉ひきのデモンストレーションも行っています。

❖オールド・フェイスフル・ガイザー (Old Faithful Geyser of California)

タブズ・レーン沿いにある間欠泉です。有料の公園内にあります。吹き出す温泉を眺めているだけで、すべてを忘れてのんびりできます。

山頂にあるワイナリーのスターリン。鐘の塔と秋の下界の風景

ワイン・カントリーの歴史

ナパヴァレーのワインが世界的な脚光を浴びたのは、1976年の「パリのブラインド・テイスティング」がきっかけといっていいでしょう。この章では、パリのブラインド・テイスティングに至るまでの道のりに焦点を当て、カリフォルニアの歴史、ナパヴァレーの人々の歩みを概観しながら、ナパヴァレーで生まれたワイナリーの歴史を辿ってみます。

カリフォルニア・ワインの揺籃期

スペイン領メキシコによるカリフォルニア進出

まずカリフォルニアの南、メキシコに目を向けてみましょう。16世紀初頭から、スペインによる南北アメリカ大陸への進出が始まります。1520年代にはメキシコのアステカ王国が滅ぼされ、スペイン帝国の植民地、ヌエバ・エスパーニャ（新スペイン）副王領が創設され、現在のメキシコシティが首都となりました。彼らは北にも目を向け、探検隊を送るようになります。1542年にはカリフォルニアに足を踏み入れ海岸地域の領有を宣言しました。しかし、以後約200年間は、スペインの国内事情もあり、それほど関心を持たれないまま、カリフォルニアに大きな動きはありませんでした。

事態が動いたのは1768年です。スペイン国王はカリフォルニアを実効支配するために、カトリックのフランシスコ会の宣教師たちを自国領メキシコから北上させ始めたのです。彼らの宣教活動とその過程でつくられた伝道所などの施設は、カリフォルニア・ミッション（Spanish missions in California）と総称されています。まずは宣教師たちを送り込み、先住民たちに食料等を与えて教会建設と農耕を手伝わせ、キリスト教を広めていったのです。これには、カリフォルニア各地の勇敢な先住民と戦えば人的・経済的な消耗をこうむるので、それ

21番目に建設されたソノマのソラノ教会。この地でカリフォルニ共和国が誕生。ソノマはカリフォルニア・ワインの発祥の地でもある

を回避するという理由がありました。この地ならしの後、スペイン領メキシコの軍隊が入って領土支配を確固たるものにしました。

1769年に彼らがカリフォルニアで最初に入植した地は、メキシコ国境近くのサンディエゴ教会（Mission San Diego De Alcala）でした。続いて1770年には大きく北上し、現在のモントレーの近くにサンカルロス・ボロメオ・デ・カルメロ教会（Mission San Carlos Borromeo de Carmelo）を、翌1771年には、上記2つの教会の間にサンアントニオ・デ・パドゥア（Mission San Antonio de Padua）とサン・ガブリエル教会（Mission San Gabriel Arcángel）をつくりました。以後、約50年かけて、21のミッションが建築されることになります。

1817年に建設された20番目の教会はサン・ラファエル教会（Mission San Rafael Arcángel）で、現在のサンフランシスコの少し北に位置し、その時点で最北、かつ最後の教会となる予定でした。その頃、ラッコの毛皮を追って南下してきたロシア人があちこちに出没し、1812年には現在のソノマ郡北部に強固なフォート・ロス（Fort Ross）砦がつくられました。このロシアの進出を背景に、1820年代初頭、メキシコ軍に護衛されたアルティミラ神父（José Altimira）が、カリストガにも調査探検に訪れています。神父は、エルクや鹿、羊の一種

カリフォルニア・ミッションMAP

①サンディエゴ・デ・アルカラ
1769年／San Diego

②サンカルロス・ボロメオ・デ・カルメロ
（ミッション・カーメル）
1770年／Carmel

③サンアントニオ・デ・パドゥア
1771年／Northwest of Jolon

④サンガブリエル・アルカンヘル
1771年／San Gabriel

⑤サンルイスオビスポ・デ・トロサ
1772年／San Luis Obispo

⑥サンフランシスコ・デ・アシス
（ミッション・ドロレス）
1776年／San Francisco

⑦サンファン・カピストラーノ
1776年／San Juan Capistrano

⑧サンタクララ・デ・アシス
1777年／Santa Clara

⑨サンブエナベントゥラ
1782年／Ventura

⑩サンタバーバラ
1786年／Santa Barbara

⑪ラ・プリシマ・コンセプシオン
1787年／Southeast of Lompoc

⑫サンタクルース
1791年／Santa Cruz

⑬ヌエストラ・セニョーラ・デ・ラ・ソレダッド
1791年／South of Soledad

⑭サンホセ（サンノゼ）
1777年／Fremont

⑮サンファン・バウティスタ
1797年／San Juan Bautista

⑯サンミゲル・アルカンヘル
1797年／San Miguel

⑰サンフェルナンド・レイ・デ・エスパーニャ
1797年／Los Angeles

⑱サンルイスレイ・デ・フランシア
1798年／Oceanside

⑲サンタイネス
1804年／Solvang

⑳サンラファエル・アルカンヘル
1817年／San Rafael

㉑サンフランシスコ・ソラーノ
1823年／Sonoma

アンテロープ、熊などが広大な草原でゆったりと牧草を食べている様子、たわわに実った葡萄を見て、故郷バルセロナを思い出しつつ驚いたそうです。

1823年、このロシアの進出を牽制するため、サン・ラファエル教会のさらに北、現在のソノマに、当初の計画を変更して新しい教会が建設されることになりました。それが、21番目にあたるソラノ教会（Mission San Francisco Solano）です。同地の先住民マヤマ族（Mayahmah）の言葉で、町を意味する言葉が「Noma」だったことから、「ソラノ」が「ソノマ」に転じ、地名へと繋がったという説もあります。

ロシアがつくったフォート・ロス砦

ちなみに、この時代のスペイン領メキシコを舞台にした、痛快なヒーロー物語が『ZORRO』です。日本でもアメリカのTV番組『怪傑ゾロ』が、1961年から1966年まで放映されました。私も手ぬぐいの目の辺りに穴を開けて顔に巻き、麦わら帽子を被ってはゾロ気分で遊んだ覚えがあります。

教会の所在地とワイン銘醸地の関係

カリフォルニア・ミッションの過程で、宗教儀式と宣教師たちの食事のために各地の教会でつくられたのがワインでした。1818年頃のワインは、ミッション種かクリオラ種と呼ばれる葡萄品種でつくったのもので、修道士フニペロ・セラ（Junípero Serra）が南米から持ち込んだ苗木がルーツといわれます。これら教会でつくられたワインが、現在のカリフォルニア・ワインのルーツです。そのことは教会の所在地と、現在のカリフォルニア各地にあるワインの銘醸地が重なることでもわかります。左ページの地図でカリフォルニア・ミッションの所在地を示しました。一覧の番号は建築年の順番です。

ヴァレイホ将軍とナパヴァレーにおけるワインづくりの原点

ソノマのソラノ教会の設立に伴い、スペインからの独立を果たしたメキシコ政府が1833年、最高司令官として派遣したのは、マリアノ・ヴァレイホ（Mariano G. Vallejo）将軍でした。現在のソノマからナパヴァレーに至る一帯を統治するためです。

一方、ノースカロライナから西海岸へ、猟をしながら毛皮を売買してやって来たのが、キャプテン・バックスキンという別名を持つ、ジョージ・カルバート・ヨント（George Calvert Yount）でした。彼は旅のなかで、数々の先住民の集落を通り、また彼らと戦った経験もある強者（つわもの）です。そして彼は1834年にはソノマでヴァレイホ将軍の住居建設に携わることになりました。この時ヴァレイホは、原住民に対する処し方や山野における適応力といったヨントの卓越した能力を知り、重用するようになりました。

1836年、ヴァレイホはヨントに、カトリックへの改宗とナパヴァレーへの入植を条件に土地を与えます。当時ナパヴァレー一帯はメキシコ軍も一目置く、ワッポ族（Wappo：語源はスペイン語で「勇敢」を意味する Guapo）の集落が

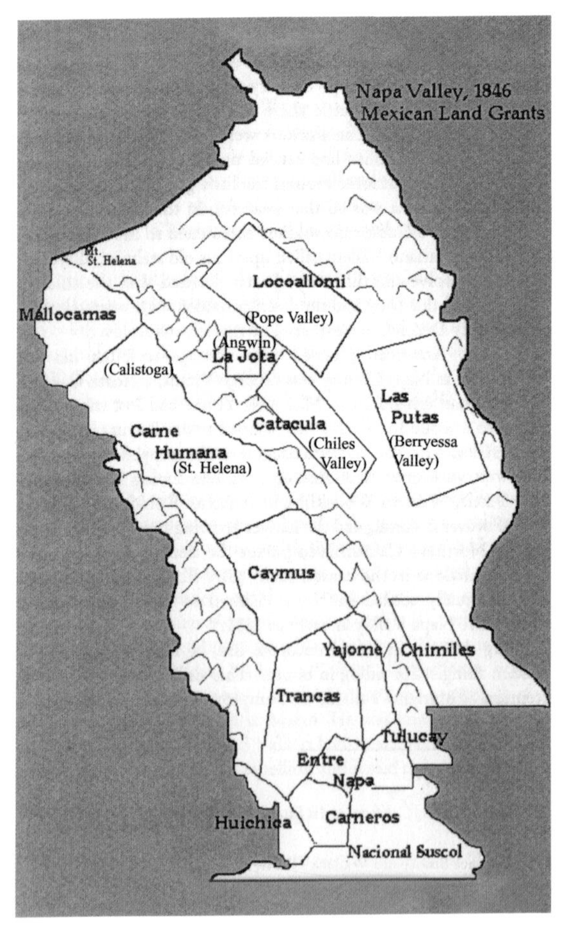

1840年代のナパヴァレーの土地名が記載された貴重な地図です。
ボワセ・コレクションの許可を得て、1881 NAPA Wine History Museumより資料を提供していただきました。
図中にある1846年とは、ソノマにおける叛乱（6月14日）で、カリフォルニアがメキシコからの独立を宣言した記念すべき年です。この地図には、当時ヴァレイホ将軍がヨントに与えたケイマス（Caymus）、エドワード・ベイルに与えた、現在のセント・ヘレナ一帯、カルネ・ユマーナ（Carne Humana）等が記されています。カルネロス（Carneros）や現在のトランカス・アベニューあたりのトランカス（Trancas）という地名もあります。「Nacional Suscol」はソスコ・アベニューの語源と思われます。

あり、ヴァレイホはヨントの経験を評価してその地を託したのでした。

ヨントは先住民に敬意を表し、現在のヨントヴィルあたりからラザフォードに至る広大な土地をランチョ・ケイマス（Rancho Caymus）と名付けました。「ランチョ」は集落・牧場を意味し、「ケイマス」とはそのあたりに住んでいたワッポ族に属する先住民の部族名のようです。

こうして1838年から1839年にかけて、アメリカ人として初めてナパヴァレーに入植したヨントは葡萄栽培を始め、1840年代には畑も11,800エーカーにまで広がったとのことです。葡萄はビニフェラ種という、宣教師たちが持ち込んだものと同じ品種で、あまり良い品質のワインにはならなかったようです。とはいえ、これがナパヴァレーにおける最初のワインづくりです。このヨントの名は、現在のヨントヴィル（Yountville）の町の名に引き継がれています。

ヴァレイホが土地を譲ったのはヨントだけではありません。1839年、メキシコ軍従軍医師であり彼の主治医でもあった、イギリス人のエドワード・ベイル（Edward Turner Bale）に、メキシコ市民になる条件で姪と結婚させ、ランチョ・カルネ・ユマーナ（Rancho Carne Humana）という土地を与えます。現在のセント・ヘレナ辺りからカリストガへと広がる広大な土地で、ヨントのランチョ・ケイマスよりも北寄りの土地です。ベイルは、ヴァレイホから譲り受けたこの土地の一部を他人に分け与え、水車小屋を作らせています。これがナパヴァレーに現存する最も古い建築物、ベイルの水車小屋（The Bale Grist Mill）です。今でも観光客向けに、水車で小麦を挽くデモンストレーションが行われています。

ヴァレイホはほかに、初めてシェラネヴァダ山脈越えに成功し、1840年代にナパヴァレーにやって来た幌馬車隊の一員、ジョセフ・チャイルス（Joseph Ballinger Chiles）にも、製粉小屋建築の対価として、ランチョ・カタキュラ（Rancho Catacula）を与えました。現在のチャイルス・ヴァレーのチャイルス・クリーク沿いです。

幻のカリフォルニア共和国とカリフォルニア州の誕生

ヴァレイホ将軍がナパヴァレーで土地を分け与えていたちょうどその頃、メキシコでは独立革命後の国内の混乱が続いていました。メキシコ領だったテキサスは、1836年にテキサス共和国として独立しますが、それを阻止できないほどメキシコは弱体化していたのです。

1840年になると、カリフォルニアでもテキサス式の独立を目指す動きが高ま

カリフォルニア共和国の国旗（左）と今もオールドソノマに残るメキシコ軍の兵舎（右）

ります。1845年にテキサス共和国がアメリカに併合されると、翌年にはアメリカとメキシコの間で国境紛争が起こり、1846年5月13日、アメリカはメキシコに宣戦布告し米墨戦争が始まりました。同年6月14日、ソノマでアメリカ人開拓者たちが蜂起し、カリフォルニア共和国の国旗、「ベアフラッグ」を掲げメキシコ軍の施設を占領して独立を宣言、この反乱はアメリカ軍が抑えるまで1週間続きました。現在のカリフォルニア州旗が、このグリズリー熊のデザインを受け継いでいることは明白で、オールド・ソノマにある当時の兵舎を利用した博物館で実物を目の当たりにできます。

その後アメリカ軍は、ほぼ無血でカリフォルニア各地のメキシコ軍を制圧し、1847年1月にカリフォルニアでの戦争は終了。1848年2月に調印されたグアダルーペ・イダルゴ条約で米墨戦争は終結し、カリフォルニアのアメリカへの割譲が正式に確定しました。その2年半後の1850年9月、連邦議会はカリフォルニアの州への昇格を認め、カリフォルニアはアメリカ合衆国第31番目の州となります。

ところで、メキシコ軍のあのヴァレイホ将軍はどうなったでしょう。彼はカリフォルニア共和国独立の混乱のなか投獄されてしまいましたが、その温厚な性格と公正さはよく知られていたこともあり、同年8月には釈放されました。

その後ヴァレイホは、後に姻戚関係となるアーゴステン・ハラジーに命じて、ヨーロッパから多くの葡萄の苗木を持ち帰らせ、ソノマでワインづくりを始めさせます。これが1857年創業のブエナヴィスタ・ワイナリー（Buena Vista Winery）で、後にカリフォルニア・ワインの発祥地と呼ばれることになります。持ち帰らせた苗木の中には、かつてカリフォルニア原産の葡萄品種とも呼ばれたことがある、ジンファンデルも混じっていたとのことです。2011年にナパヴァレーのボワセ・コレクション（Boisset Collection）がこのワイナリーを買い取り、スパークリング・ワインを製造しています。

ヴァレイホはのちにアメリカの上院議員になりました。カリフォルニア発展に尽力したことから、現在でも彼の名が付く町や通りがあちこちにあります。

苦難の歴史とともに生まれたナパヴァレーのワイナリー

ワイン産業の黎明期（1860年代~1880年代）

ナパヴァレーで最初に葡萄樹を植え、ワインをつくったジョージ・ヨント以降、本格的なワインづくりが始まります。

1852年、プロイセンからソノマへ移住し、アーゴステン・ハラジーの下でワインづくりを手伝っていたチャールズ・クルッグ（Charles Krug）は、1859年にはナパヴァレーへ移り、ヨントや英国人ジョン・パチェットのワインづくりに参加します。そして、当時セント・ヘレナで最大の醸造家になっていた、ベイルのワインづくりを手伝ったことが縁で、その娘キャロライナと結婚。これにより、ベイルからセント・ヘレナの540エーカーの土地が分与されました。1861年、この土地に彼が創設したのがチャールズ・クルッグ・ワイナリー（Charles Krug Winery）で、ナパヴァレーにおける最初の商業ワイナリーといわれます。しかし晩年は、妻が精神に異常をきたすなど不遇で、チャールズ・クルッグ自らも癌により他界しました。1894年、ワイナリーはジェームズ・モフ

ナパヴァレーにおける最初の商業ワイナリーとされるチャールズ・クルッグ・ワイナリー

ィットに売却され、1943年にはモンダヴィ・ファミリー（Mondavi Family）の手に渡ることになります。現在も、1974年に国の歴史遺産に登録された当時の建物で、ピーター・モンダヴィ（Peter Mondavi）ファミリーによりワインづくりが続けられています。

ドイツのワインづくり農家に生まれたヤコブ・シュラム（Jacob Schram）は、1852年にアメリカに渡ります。サンフランシスコで理髪店を営んだのち、1862年にカリストガ西側の山腹に土地を買い、ワインづくりを始めました。この時彼がシャンパーニュ製法でつくったシュラムスベルグ（Schramsberg）は、カリフォルニアにおける最初のスパークリング・ワインとされています。しかし1890年代からのフィロキセラによる被害、続く1919年からの禁酒法に、シュラムはワイナリーを閉じます。しかし1964年、経営コンサルタントのジャック＆ジェミー・ダヴィーズ夫妻の手に引き取られ、現在のシュラムスバーグ・ヴィンヤード（Schramsburg Vineyards）へと引き継がれました。

ヤコブ・シュラムと同じく、ドイツのワインづくり農家に生まれたヤコブ・ベリンジャー（Jacob Beringer）は、1868年にニューヨークに着き、その後ナパヴァレーにやって来ます。当初はチャールズ・クルッグ・ワイナリーでセラー責任者として働きますが、兄フレデリックを母国から呼び寄せ、1876年にはベリンジャー・ブラザーズ（Beringer Brothers）を創業します。現在のベリンジャー（Beringer Vineyards）です。ちなみに、これら商業ワイナリーの成功のおかげで、セント・ヘレナは1876年に町になっています。

カリフォルニアで最初にスパークリング・ワインをつくったシュラムスベルグの建物

作家スティーブンソンとカリフォルニア・ワイン

column

『宝島』や『ジキル博士とハイド氏』の作品で知られる作家、ロバート・ルイス・スティーブンソン（Robert Louis Stevenson）は、1880年にナパヴァレーを訪れ、当時の様子を記した紀行文を残しています。1883年に出版された『The Silverado Squatters（シルヴァラードの人々）』です。

スコットランド生まれのスティーブンソンは、学生時代からフランスを旅するのが好きでしたが、27歳のときにパリで後に妻となるアメリカ人女性、ファニー・オズボーンと出会います。3年後、カリフォルニアに帰って病床にあった彼女を見舞う旅に出た彼が、新婚旅行、自身の転地療養を兼ねて訪れたのがナパヴァレーでした。

当初はカリストガの、現在のインディアン・スプリングに滞在したのですが、週10ドルの宿代を節約するために、セント・ヘレナ山の山麓にあった鉱山の廃屋へ移ります。滞在の間、彼はナパヴァレーのあちこちへ出かけ、民家も訪ね、その時の様子を克明に書きとめました。

「NAPA WINES」についての章は、「I was interested in California wine. Indeed, I am interested in all wines, and have been all my life,……（私はカリフォルニア・ワインに興味をもっていた。いや、これまでの人生において一貫してワインに興味を持ちつづけて来た……)」という書き出しで始まります。フランスのシャトー・ヌフ（Château Neuf）やエルミタージュ（Hermitage）等のワイン名を具体的に挙げて、消滅を嘆き悲しんでいる部分もあります。おそらく、フィロキセラによるフランスの葡萄畑の壊滅のことでしょう。スティーブンソンのワイン愛好家ぶりが読み取れます。

当時ナパヴァレーで誕生し始めたワイナリーについての、貴重な証言も残しています。シュラム氏の葡萄畑を訪問したという記述があり、これは現シュラムスバーグ・ヴィンヤード（Schramsberg Vineyards）のことです。ほかにも彼が精力的にワイナリーを訪れている様子がうかがえます。

シュラムスバーグに飾られている写真。中央下にはスティーブンソンのポートレイトも

彼がナパヴァレー・ワインの将来性を確信していた一文もあります。「The smack of Californian earth shall linger on the palate of your grandson」、文脈を考慮して訳すと、「このナパヴァレーのワインは、あなたの孫の時代には、必ずやカリフォルニア・テロワールを反映したワインとなり、彼らの味覚を楽しませてくれるでしょう」。

1865年、ヘンリー・ウォーカー・クラブ（Henry Walker Crabb）はオークヴィル一帯に広大な土地を購入し、生食用葡萄とレーズンをつくり始めました。1872年にはワイン用の葡萄栽培に切り替え、この畑をギリシャ語で最高の美を意味するトカロン（To-Kalon）と命名し、ト・カロン・ヴィンヤード（To-kalon Vineyard）を創業。後に、ロバート・モンダヴィ（Robert Mondavi）とアンディー・ベックストファー（Andy Beckstoffer）に売却されました。

1874年、フランスのボルドーからやって来たジーン・ローラン（Jean Laurent）が、ゴールド・ラッシュで稼いだお金でワイナリーを創業します。1890年に彼は死去しますが、オーナーを替えつつ操業を続け、1976年、このワイナリーを引き継ぎ、軌道に乗せたのはブルース・マーカム（Bruce Markham）でした。現在のマーカム（Markham Vineyards）です。創業以来稼働を続けているワイナリーとしては、ナパヴァレーで4番目に古いとされます。かつて日本のメルシャンが保有していましたが、2018年にライオン・ネイザンU.S.A.（Lion Nathan U.S.A.）に売却されました。

フィンランド人船長のグスタブ・ニーバウム（Gustave Niebaum）が、アラスカの毛皮猟で儲けた資金で1879年に創設したワイナリーが、ラザフォードにあるイングルヌック（Inglenook）です。このワイナリーはすぐに頭角を現し、ナパヴァレー・ワインの質の高さを世に知らしめます。その後紆余曲折をへて映画監督のフランシス・フォード・コッポラの手に渡りました。

1881年、オークヴィル・グロッサリー（Oakville Grocery）が開店しました。

1882年、アルフレッド・タブス（Alfred L. Tubbs）は、カリストガのセント・

セント・ヘレナの町外れにあるマーカム

ヘレナ山の山麓に、シャトー・モンテリーナ（Chateau Montelena）を創設します。ゴールド・ラッシュの時に、金を採取する道具やロープを販売して得た資金によるものです。ワイナリーがある通りには、タブス・レーン（Tubbs Ln.）として、今も創業者の名が残っています。

ティバチオ・パロット（Tiburcio Parrott）は、ベリンジャー・ブラザーズの後方の山、スプリング・マウンテンに葡萄畑を開墾し、1885年にスプリング・マウンテン・ヴィンヤード（Spring Mountain Vineyard）を創設しました。1974年にはマイク・ロビンの手に渡り、1976年のパリのブラインド・テイスティングでは、〈Spring Mountain 1973〉が白ワインの4位に選ばれました。

カリストガが町になった1885年、アメリカの有名な印象派画家ウインスロー・ホーマー（Winslow Homer）を叔父に持つジョン・ベンソン（John Benson）は、ゴールド・ラッシュで得た資金でファ・ニエンテ（Far Niente）ワイナリーを創設します。その後、禁酒法により倒産。時をへて1979年、ギル・ニッケル（Gil Nickel）に引き取られ復活しました。

1886年、カリフォルニア州で初めて女性が創業したワイナリーが誕生しました。ジョセフィーヌ・マリン・ティシソン（Josephine Marlin Tychson）によるティシソン・セラーズ（Tychson Cellars）です。その後、何人かの手を経て、1939年にアラート・アビー・アハーン（Alert Abbey Ahern）とチャールズ・フリーマン（Charles Freeman）とマーカンド・フォスター（Marquand Foster）が共同で買い取ります。ワイナリー名は彼ら3人の名前を合わせて、フリーマーク・アビー（Freemark Abbey Winery）。パリのブラインド・テイスティング

フリーマーク・アビーと同ワイナリーに併設されたレストラン、ロードハウス29の入り口

シャトー・モンテリーナの変遷

column

1882年創業のシャトー・モンテリーナは、1896年頃にはナパヴァレーで７番目に大きなワイナリーになりましたが、1919年から1933年まで続いた禁酒法により倒産、オーナーのタブス・ファミリーはこれを放置せざるを得ませんでした。1958年に引き取ったのが、中国人電気技師ヨーク・ウイング・フランクで、居住目的の購入でした。この時つくったジェイド（Jade）という名の中国風の庭園と池は今も残っています。

1968年、ヨークからこの土地を買い取ったのは不動産業を営むリー・パシッチ（Lee Paschich）でした。パシッチは、当時ワイナリーを探していたロサンゼルス在住の弁護士ジム・バーレット（Jim Barrett）にこの物件を持ち込みます。結果、パシッチとジム、そしてジムのクライアントのアーネスト・ハーン（Earnest Hahn）も加わり、３人の共同所有となります。

1972年にはジムが主導して畑を再開墾して醸造施設を整え、ワインメーカーにマイク・ガーギッチを雇い、ワインづくりを再開しました。４年後の1976年、パリのブラインド・テイスティングで、〈Chateau Montelena 1973〉が白ワインの１位に選ばれたことで一躍有名になりました。2008年のアメリカ映画『ボトル・ショック』（Bottle Shock）の中心となるのはこのシャトー・モンテリーナです。

2013年のジムの死後、息子のボー・バレット（Bo Barrett）がワイナリーのCEOを務めています。ボーの妻ハイジ・バレット（Heidi Barrett）は、今世界で最も有名な女性ワインメーカーの一人です。

では〈Freemark Abbey 1969〉が赤の10位になりました。

1889年、ウィリアム・バウアーズ・ボーン（William Bowers Bourn Ⅱ）は、ワイン醸造家たちの共同ワイナリー、グレイストーン・セラーズ（Greystone Cellars）をセント・ヘレナに創設。同年、ドイツから移民したジョン・ヘンリー・フィッシャー（John Henry Fisher）は、マヤカマス山脈のマウント・ヴィーダーに、マヤカマス・ヴィンヤーズ（Mayacamas Vineyards）を創設。1968年にはロバート・トラヴァーズの手に渡り、パリのブラインド・テイスティングで、リリース前の〈Mayacamas 1971〉が赤ワイン部門で９位に選ばれました。

1838年に始まったナパヴァレーのワインづくりは、およそ50年後の1889年の時点で、ワイナリーの数が140を超えるくらいにまで成長していたようです。

不遇の時代へ（1890年代~1930年代）

❖フィロキセラによる葡萄畑の壊滅的被害

1890年代から、ナパヴァレーのワインづくりは、幾多の問題と遭遇し不遇の時代を迎えます。最初に襲った不幸は、葡萄の根を食べて枯死させる害虫、フィロキセラでした。

1850年頃からヨーロッパで急速に広がったフィロキセラ禍の発端は、アメリカから取り寄せた葡萄の苗木に付着していたフィロキセラによるものでした。その被害はフランスで特に激しく、1863年から1880年初頭にかけて、葡萄畑の３分の２が壊滅してしまったとのことです。

ヨーロッパにおけるフィロキセラの猛威は、アメリカにとっても対岸の火事では済まされませんでした。1889年頃からカリフォルニアでも、ソノマを皮切りに猛威を振るい、それまで約15,807エーカーに拡大していたナパヴァレーの葡萄畑が、1890年代には2,000エーカーまでに激減したといいます。多くの農家は葡萄樹を引っこ抜き、プルーンやウォルナッツ等の作物に切り替えたとのことです。

これに対して、チャールズ・クルッグ・ワイナリーのゼネラル・マネージャー、ビスマルク・ブルック（Bismarck Bruck）らは、フィロキセラに強い地元の葡萄樹に着目し、これを台木として、この苦難を乗り切っていきます。

ちなみに、ほぼ100年後にあたる1980年代～1990年代初頭にかけても、フィロキセラの猛威が再びナパヴァレーを襲いました。ナパヴァレー・ヴィントナーズ（NVV）によれば、これまで使用していたAXR１型台木を引き抜き、UCLAデイヴィス校とその他研究機関が生み出した、さらなる耐性のある台木を植えて対応したそうです。

❖禁酒法時代とそのからくり

1900年代に入り、フィロキセラの猛威が何とか治まりその深刻なダメージから何とか立ち直ろうとするワイン関係者に、さらなる試練が待ち受けていました。

1906年、サンフランシスコに大地震が発生し、多くのワイナリーでは樽や瓶が壊れ、3,000万ガロンの損失が生じたともいわれます。また1914年には第一次世界大戦が勃発して1917年にはアメリカが参戦、経済情勢も不安定になりました。

しかし、ナパヴァレー、全カリフォルニアにとっての致命的といえるのが、1920年から施行された「禁酒法（The Volstead Act. = Prohibition Act.）」でした。

アルコールの過剰摂取による家庭内暴力に端を発し、アルコール飲料の生産と消費を禁止する禁酒法が1919年に可決、1920年早々から全米で実施されました。当初アルコール産業の関係者は、政治家の票稼ぎにすぎず、１、２年すれば廃案になるだろうと高をくくっていました。しかし、実際は1933年まで14年間続く、長い試練の期間となりました。例外的に、この禁酒法下の1922年、ルイ・M・マティーニがミサ用のワイン製造を始めています。

これほどまでに禁酒法が長く続いたのは、この法律の恩恵に与る人たちがいたからです。つまり、密造酒販売で儲けるギャングたちです。彼らのシンジケートは、この法律を継続させる行動をとったのです。禁酒法施行下の14年間で、シンジケートが不正に得た利益は約360億ドルともいわれます。この法律の廃止を公約に掲げ、当時ナパ郡で最も若い検事のセオドア・ベル（Theodore Bell）が下院議員に当選しますが、ギャングから度々の嫌がらせを受け、普通

column

禁酒法の馬鹿さ加減が
シーザーズ・サラダを誕生させた

禁酒法の副産物として誕生した、美味しいサラダの秘話があります。映画づくりの拠点ハリウッドでは、仕事を終えた後は美味しい食事とお酒を楽しむのが常でした。しかし、禁酒法の下ではそれが困難となり、彼らは「国境の南」こと、メキシコのティワナへ車をぶっ飛ばし、ワインと食事を楽しんだのです。シーザーズ・プレイスもそうして賑わっていたレストランのひとつですが、ある日、映画関係者の到着が遅くなって食材が足りないときに、シェフのシーザー・カルディーニ（Caeser Cardini）があり合わせの材料でサラダをつくり、美味しいと評判になりました。これが、シーザーズ・サラダ（Caesar's Salad）の始まりといわれます。

禁酒法が廃止された日にワイン関係者が集まり、祝ったとされるイングルヌック2階外のテラス広場

の交通事故とは認定できない状況で亡くなるという不幸な出来事もありました。

法律が長引くにつれ、一部のワイナリーは礼拝用のワイン製造等、何とかワインづくりを続けましたが、多くのワイン関係者は葡萄ジュースに切り替えたり、酪農業に転業することを余儀なくされました。一方で、闇の「酒盛り小屋」化したワイナリーもあったとか。この法律は、一家族当り200ガロンまでの葡萄ジュースの醸造は容認していたため、自宅のガレージや地下室等でワインをつくる家庭も多かったそうです。

細々とワインづくりが続くなか、1929年に世界恐慌が勃発します。観光の名目でワイナリーを訪れ、スーツケースやズボンにワインを隠し、持ち帰っていた観光客の足もピッタリ途絶えてしまいました。1868年から走りつづけてきたナパヴァレー鉄道は、サザン・パシフィック鉄道へと経営権を移行するも、間もなく運行を終えることになりました。

長く続いた禁酒法が廃止になったのは1933年。何とか生き延びたワイナリーはたった12軒だったそうです。礼拝用ワインづくりで細々と凌いできたクリスチャン・ブラザーズ、チャールズ・クルッグ、フリーマーク・アビー、ベリンジャー・ブラザーズ、ルイ・マティーニ・ワイナリー、ボーリュー、イングルヌック等です。この中で少し趣が異なるワイナリーは、クリスチャン・ブラザーズ（Christian Brothers）です。貧しい子供たちの教育資金を得る目的でフランスでワインづくりをしていたカトリック修道士会が、1882年にカリフォルニアでミサ用のワインづくりを始め、1931年に、ナパヴァレー西部に移ってきたのです。禁酒法後は、スパークリング・ワインを含む幅広い種類のワイン、ブランデーで成功を収めました。1950年には、石造りのワイナリー、グレイストーンを購入、修道士ティモシー（Timothy）がつくるワインは全米に知れわたりました。

さて、法律は廃止されたものの、この禁酒法の13年間は消費者の嗜好にも変化をもたらしました。一度ガレージ・ワインに慣れた人々は、ごちゃ混ぜのジャグ・ワインでも満足し、まともな辛口ワインには戻って来なかったのです。

カリフォルニア・ワインの父、 アンドレ・チェリチェフ

1890年代のフィロキセラ、1920年から1933年まで続いた禁酒法と、1940年頃まで、ナパヴァレーのワインづくりにとって苦難の時代が続きました。しかしこの間、特筆すべきワイナリーが創業しました。

1900年、フランス人ジョージ・デ・ラトゥール（Georges de Latour）が創設したフランス仕込みの本格的なワイナリー、ボーリュー・ヴィンヤード（Beaulieu Vineyard）です。現在もラザフォードの交差点に見える蔦が絡んだ建物と、エチケットにBVと大きく描かれたワインで知られています。

ラトゥールはラザフォードのテロワールは気に入ったものの、フランス・ワイン至上主義といえばよいでしょうか、働くスタッフ全員がフランス人か、かつてフランスでワインづくりの経験がある者でした。1938年、フランス人のワイン・アドバイザーの引退に際して彼がとった行動も、まずはフランスに行くことでした。代わりの人材を得るべく訪れたのはパリのパスツール研究所です。研究所の教授は、当時の他のフランス人スタッフではカリフォルニアに馴染めないだろうとの判断から、ロシア生まれのアンドレ・チェリチェフ（André Tchelistcheff）を紹介しました。この誘いに応じたアンドレ・チェリチェフは、後にカリフォルニア・ワインの父と呼ばれるようになります。

アンドレ・チェリチェフは1901年、モスクワのロシア貴族の家に生まれました。父はロシア帝国の裁判所の裁判長を務めていましたが、1917年のロシア革命により、それまでの生活が一変します。チェリチェフは、革命後のロシア内戦において白軍の兵士として戦うことになったのです。クリミアでの戦闘で重傷を負った彼は、現地住民に命を救われ九死に一生を得ます。その後ロシアを離れ、チェコスロヴァキアで農学を学んでフランスに渡り、パスツール研究所と国立農業研究所で醸造学や葡萄の栽培法などを学び学問を続けました。モエ・エ・シャンドンでワインづくりを経験した後、1938年、チェリチェフはボ

ーリューのワインメーカーとしてカリフォルニアへ赴くことになったのです。彼はすぐに成果を出しました。着任早々に手がけた、ボーリューの最高級品〈Georges de Latour Private Reserve 1938〉は、カリフォルニア・ワインの最高傑作として評判を得たのです。1940年代中頃には、彼のレゼルヴがホワイト・ハウスの行事にも使用されるまでになりました。

ボーリューのワインメーカーを務め、「カリフォルニア・ワインの父」と呼ばれたアンドレ・チェリチェフ
© Courtesy of Beaulieu Vineyard

ナパヴァレーのワインの品質向上に貢献したチェリチェフの技術は多岐にわたります。例えば、1962年から彼が採用したマロラクティック発酵は、まだその評価が定まらない技術でしたが、彼はこれをボーリューすべての赤ワインに取り入れ、ワインに複雑さと洗練した味わい、風味を与えました。

また、1年の努力が一夜にして水泡と帰すのは霜による冷害です。彼が採用した対策は、葡萄畑に熱風を送り込み冷気を攪拌させるプロペラの付いた塔の設置でした。これも今ではよく見かけるものです。チェリチェフはほかにも、ワインの品質をできるだけ長く維持するために、きめ細かく濾過できる二重マイクロ・フィルターの実用化にも寄与しました。

ワインメーカーの育成においても実績を残しています。

彼の下でワインづくりに従事した者として、後にガーギッチ・ヒルズ（Grgich Hills）のオーナーになったマイク・ガーギッチ、スタッグス・リープ・ワイン・セラーズ（Stag's Leap Wine Cellars）のウォーレン・ウイニアスキー、ハイツ（Heitz Wine Cellers）のジョー・ハイツ（Joe Heitz）等が挙げられます。

1969年、ボーリューがリカー会社ヒューブラインに身売りしたことをきっかけに、新しい経営陣とのギクシャクした関係が続き、1973年、チェリチェフは副社長の立場も捨て、ボーリューから身を引くことになりました。その後、ナ

上は、パリのブラインド・テイスティングで白ワインの１位となったシャトー・モンテリーナの元ワインメーカー、マイク・ガーギッチがつくったガーギッチ・ヒルズ。下は、同じく赤ワインで１位となったウォーレン・ウィニアスキーがつくったスタッグス・リープ・ワイン・セラーズ

パヴァレーのロバート・モンダヴィや、ソノマのハンツェル（Hanzell Vinyards）やジョーダン（Jordan Vinyard & Winery）など数多くのワイナリーの指導にあたりましたが、アンドレ・チェリチェフ自身は、一生涯自分のワイナリーを持つことはありませんでした。

禁酒法後に誕生したワイナリー

ルイ・M・マティーニ（Louis M. Martini）が1933年にセント・ヘレナに創設したのは、ルイ・M・マティーニ・ワイナリー（Louis M. Martini Winery）です。後にボーリューやイングルヌックと並ぶナパヴァレーを代表するワインとして評価を得ることになります。しかしまた、そのワインと同等に評価されるべきは、ルイ・M・マティーニ個人のリーダーシップかもしれません。ナパヴァレー・ヴィントナーズ（NVV）誕生のきっかけをつくったのも彼です。

1943年にオーナーがモンダヴィ家に移った名門、チャールズ・クルッグ・ワイナリーにもふれておきましょう。当時、若きロバート・モンダヴィはセント・ヘレナのサニー・セント・ヘレナ・ワイナリー（現Merryvale Vinyards）に勤務していましたが、この時、チャールズ・クルッグが売りに出されたという情報を入手します。父セザール・モンダヴィに相談した結果、弟ピーターを含む３人での購入を決めました。モンダヴィ家による新生チャールズ・クルッグの誕生です。

1944年にリー・スチュアート（Lee Stewart）が創設したスーヴェラン・セラー（Souverain Cellars）は特別有名ではなく大成功を収めたわけでもありませんが、知っておくべきワイナリーです。前述のワイン・メーカー、マイク・ガーギッチとウォーレン・ウイニアスキーの２人が、ナパヴァレーに来て初めて働いたワイナリーであり、指導を受けた人物だからです。

新しい時代に向かって（1944年~1976年）

厳しい時代を耐え抜いた幾つかのワイナリーは、「協力し合うことは、個々でやるより力強い」を合言葉に、月に１回、セント・ヘレナのミラモンテ・ホテルでランチを兼ねた研究会を行っていました。ナパヴァレー醸造家グループ（Napa Valley Vintners Group）です。これが母体となり、第二次世界大戦が終結する前年、1944年に発足したのが、NVVのイニシャル文字で知られる、ナパヴァレー・ワイン生産者協会（Napa Valley Vintners Association）でした。設立合意書は以下のメンバーで署名されました。フェルナンデ・デ・ラトゥール（ボーリュー・ヴィンヤード）、フェリックス・サルミナ（ラークミード）、チャールズ・フォルニ（ナパヴァレー協同組合）、ロバート・モンダヴィ（CKモンダヴィ・アンド・サンズ）、ジョン・ダニエル Jr.（イングルヌック）、そしてルイ・M・マティーニとルイ・ストラーラの７名です。

以下では戦後に創業したワイナリーを見ていきましょう。

1947年、イタリア人のジョンとマリオのトリンケロ兄弟が、セント・ヘレナ北の29号線沿いにワイナリーを購入し、トリンケロ（Trinchero Family Estates）を始めます。また、スイス＆ドイツ系アメリカ人、ジョン・トーマスからサター・ホーム（Sutter Home Winery）を買い取ります。息子ボブ・トリンケロが引き継ぎ、後に誕生したのがホワイト・ジンファンデル（White Zinfandel）です。1980年頃には全米に知られる大ヒット商品になりました。これは、ジンファンデル葡萄の皮を取り除いて醸造したロゼ色のワインのことです。

かつてはガロ（Gallo）で、1951年からはボーリューのアンドレ・チェリチェフの下で働いたジョー・ハイツ（Joe Heitz）は、1961年からオークヴィルのトム＆マーサー・メイ夫妻の葡萄畑、マーサーズのカベルネ・ソーヴィニヨンを使ったワインをつくり始めます。ハイツ（Heitz Wine Cellars）です。パリのブラインド・テイスティングでは、〈Heitz Martha's Vineyard 1970〉が赤ワインで７位に選ばれます。

1965年にチャールズ・クルッグ・ワイナリーから追い出されたロバート・モンダヴィが1966年に創設したワイナリーが、ロバート・モンダヴィ（Robert Mondavi）です。その後、隣接する銘醸畑ト・カロンを買い取ります。

マヤカマス・ヴィンヤーズ（Mayacamas Vineyards）は1889年に創設されたワイナリーがルーツです。その後何人かの手を経て、1941年に英国人化学者ジャック・テイラー（Jack Taylor）が購入し、マヤカマス・ヴィンヤーズと命名されました。パリのブラインド・テイスティングでは、〈Mayacamas 1971〉が赤ワインの９位に選ばれました。

1968年、ナパヴァレーの葡萄畑を守る目的の農業地区保全法（Agricultural Preseve Plan）が成立します。提案した上院議員にちなみ、ウイリアムソン法（The Williamson Act）とも呼ばれます。

シリコン・ヴァレーの元エンジニア、トーマス・パークホール（Thomas Parkhall）とレーザー光線医師トム・コトレル（Tom Cotrell）が1969年、カリストガに創設したのがクヴェイソン（Cuvaison Estate Wines）です。その後オーナーが代わりワイナリーはロス・カルネロスに移ります。

左上はハイツ。右上は、シルヴァー・オークにある塔．下は、カリストガからロス・カルネロスに移ったクヴェイゾンからの眺め

1970年、ウォーレン・ウイニアスキー（Warren Winiarski）は、スタッグス・リープ地区にスタッグス・リープ・ワイン・セラーズ（Stag's Leap Wine Cellars）を創設します。パリのブラインド・テイスティングでは、自社畑の葡萄でつくった〈Stag's Leap Wine Cellars Cabernet Sauvignon 1973〉が赤ワインで１位に選ばれます。

1972年、２人のフランス人がスタッグス・リープ地区に創設したのはクロ・デュ・ヴァル（Clos Du Val）です。パリのブラインド・テイスティングで、そのファースト・ヴィンテージ、〈Clos du Val Cabernet Sauvignon 1972〉は、赤ワインの８位に選ばれます。

1972年に創業したのは、ジョン・シェイファー（John Shafer）によるスタッグス・リープ地区のシェイファー（Shafer Vineyards）です。同年、レイ・ドゥンカン（Raymond T.Duncan）とジャスティン・メイヤー（Justin Meyer）は、カベルネ・ソーヴィニヨン種ワインだけをつくる、シルヴァー・オーク（Silver Oak Cellars）をオークヴィルに創設しました。

1973年、『The Treasury of American Wines』（アメリカ・ワインの至宝）等の写真家で、ワインに造詣の深い、ジャック・ケイクブレッド（Jack Cakebread）は、ラザフォードでケイクブレッド（Cakebread Cellars）を創設します。

1975年、ナパヴァレーの葡萄栽培農家の協会、ナパヴァレー葡萄栽培者協会（Napa Valley Grape Growers Association）が発足、その翌年の1976年、ナパヴァレーの転換期をつくるイベント、「パリのブラインド・テイスティング」が開催され、世界に衝撃が走ることになります。

*

ナパヴァレーのワイナリーの現代史のインデックスとして、1976年以降に創業した話題性のあるワイナリーや著名な創業者を年代順にピックアップしておきます。スペースの都合で詳細は省きますが、気になるワイナリーがありましたらインターネット等でお調べください。

1977年……ニュートン・ヴィンヤード（Newton Vineyard）：イギリス人ピーター・ニュートン（Peter Newton）が友人とスプリング・マウンテンに土地を購入して創業。現在はLVMH（Moët Hennessy-Louis Vuitton）が運営。

1977年……スターリン（Sterling Vinyards）：元はピーター・ニュートンが1964年に創設。それをコカ・コーラ社が買い取り、ロープウェイのあるワイナリーとして有名に。その後、カナダのシーグラムを経て、2016年からはオーストラリアのトレジャリー・ワイン・エステイツ（Treasury Wine Estates）が運営。

1978年……パイン・リッジ・ヴィンヤーズ（Pine Ridge Vineyards）：ゲーリー・アンドラス（Gary Andrus）が創設。

ダックホーン（Duckhorn Vinyards）：銀行家ダン・ダック（Dan Duckhorn）と妻マーガレット（Margaret）が創業。

1981年……シルヴァラード・ヴィンヤーズ(Silverado Vineyards)：ウォルト・ディズニーの妻リリアン・ディズニー（Lillian Disney）と娘のダイアン夫婦（Ron & Diane Miller）によって創設。

1987年……ジョン・ダニエルJr.の娘ロビン・レイル（Robin Lail）とフランス・ボルドーの名門、シャトー・ペトリュスのジャン-ピエール・ムエックス

手入れの行き届いたニュートン（上）と石の集積で建築されたドミナス（下）

(Jean-Pierre Moueix）が、合弁でドミナス・エステイト（Dominus Estate）を創業。畑とワイナリーの敷地は、姉マルシア・ダニエル・スミスと共有する、ヨントヴィルの葡萄畑ナパヌック（Napanook)。その後ロビンたちはドミナスから手を引く。

おわりに

ワイナリー・リゾートとして急成長を続けていたナパヴァレーの魅力を伝えたいと考え、『ナパヴァレーのワイン休日』（樹立社）を上梓したのが2008年です。当時の日本では、ナパヴァレーという地名もほとんど知られておらず、ワインツーリズムという概念もなく、今から思えば夢を追うような取り組みの始まりでした。

それから12年、ナパヴァレーにはさらに目まぐるしい変化が起っています。

ナパヴァレーのリーダー役を果たしてきたロバート&マーグリット・モンダヴィ夫妻、シャトー・モンテリーナのジム・バーレットら、創業者の死去とワイナリーでの世代交代。売却されるワイナリー、新しく誕生するワイナリーもたくさんありました。これらワイナリーの中には名は変わらずとも、経営の実態は代わり、評価されるワインも徐々に変化してきました。レストランの栄枯盛衰、宿事情もしかりです。

大手ワイナリー・ホールディング・カンパニーによる寡占化も進みました。JCB（Jean-Charles Boisset）のような新しいリーダーや、ザ・プリゾナー（The Prisoner）のデヴィット・ピニーのような、若いスーパー・ワインメーカーによるこれまでの常識を覆すワインが誕生したことも特筆すべきでしょう。

もうひとつ、このところ頻繁に山火事が起きています。2017年には、ナパヴァレーからソノマに至る一帯が大火災に襲われ、本書執筆中の2019年にもキンケード火災（Kincade Fire）が発生し、多くの方々が被害に遭われました。この場をお借りしてお見舞い申し上げます。この度重なる火災で、葡萄畑開発に対する行政の方針に変化の動きがあります。近年ナパヴァレーやソノマでは、山の斜面に葡萄畑を開発することが規制されてきました。土砂災害等を危惧してのことです。しかしこれら一連の火災で、葡萄畑は防火帯の役目を果たしていることが認識され、葡萄畑の開発規制を再検討する動きが出ているのです。

ナパヴァレーは長閑で優雅なワイン・カントリーである一方、水面下では、早いテンポでワイナリーの合併・買収やホテル建設が活発に行われ、行政面でも畑や街づくりの施策が刻々と変化しています。

本書には、こうしたナパヴァレーについてのアップ・デートされた最新の情報、分析も盛り込みました。グラスの中だけでなく、ナパヴァレーの“今”を俯瞰できる構成になったのではないかと自負しています。あとは読者のお一人お一人が、それぞれお好みのワイナリーやワインを見つけ、さらにナパヴァレーに足を運んでいただければ、とても嬉しく思います。

本書の取材に際しては、NVV、Visit Napa Valley、George M. Taberさん、Steven Spurrierさんにもご協力いただきました。

最後に、本書の出版に当たり、安定したリーダーシップで的確な編集指導をしてくださった世界文化社の佐藤信之部長、装丁家でありながらその役目を遥かに超えたさまざまな事柄に対応していただいた髙林昭太さん、そして、ときには秘書役、あるときは読者の立場で意見を言ってくれた妻の美知子に感謝いたします。

オークヴィル・クロスロードから眺める初夏の葡萄畑

リスト & 索引
LIST & INDEX

ナパヴァレーのワイナリー、テイスティングルームやワインショップ、レストラン、宿泊施設のリストをアルファベット順に掲載します。本文ではスペースの都合で限られたところしかご紹介できませんでしたが、このリストには現地で定評のあるところも網羅されていますので、ワインツーリズムの参考にしてください。

アルファベットと数字の組み合わせ（A-1など）は、付録の地図上での位置を示します。街町の名前の場合は、本文に収録されている各街町の地図をご参照ください。本文で紹介した場合は、地図番号（または街町の名前）の前にページ数を付記しました。

※本索引はVisit Napa Valleyよりご提供いただいた2019年時点での資料に最新情報を加えたものです。
掲載情報が変更になる可能性がある点、ご了承ください。

WINERIES
ワイナリー

イングルヌックのセラー

TASTING ROOMS, WINE SHOPS, BREWERIES, DISTILLERIES etc.

テイスティングルーム／ワインショップ
醸造所／蒸留所他

RESTAURANTS
レストラン

LODGING
宿泊施設

参考文献など

A Vineyard in Napa（Doug Shafer/Andy Demsky）
『ナパ 奇跡のぶどう畑』（2014年、CCC メディアハウス刊）
Image of America : Napa Valley Wine Country（Lin Weber & The Napa Valley Museum）
Image of America : Yountville (Pat Alexander & The Napa Valley Museum)
Image of Napa : An Architectural Walking Tour (Anthony Raymond Kilgallin)
In Search Of Bacchus - Wanderings in the Wonderful World of Wine Tourism（George M. Taber）
Judgment Of Paris（George M. Taber）
『パリスの審判』（2007年、日経 BP 社刊）
NAPA The Story Of An American Eden（James Conaway）
『カリフォルニアワイン物語 ナパ　モンダヴィからコッポラまで』（2001年、JTB 刊）
Napa Valley Vintners's Home Page
Roots Of The Present Napa Valley 1900 to 1950 (Lin Weber)
The House Of Mondavi : The Rise And Fall Of An American Wine Dynasty（Julia Flynn Siler）
The Silverado Squatters（Robert Louis Stevenson）

Special Thanks to:

- Napa Valley Vintners
  Cate Conniff、Teresa Wall、Connor Best、Tony Albright
  Ema Koeda　(NVV Japan)、 Shizuka Wakashita　(NVV Japan)
- Visit Napa Valley
  Linsey Gallagher, Angela Jackson
- Boisset Collection
  Jean-Charles Boisset, Patrick Egan, Leigh Ann Reed
- Constellation Brands, Inc.
  Maureen Spring, Elizabeth Caravati
- George M. Taber
- Moët Hennessy USA
  Katarina Wos
- Opus One
  Cadby Yasko
- Treasury Wine Estates
  Tamara Stanfill

Staff

文・写真――濱本　純
取材協力――濱本美知子
企画――佐藤信之（世界文化社）
デザイン――髙林昭太
校正――株式会社 円水社
ＤＴＰ制作――株式会社 明昌堂

濱本 純 Hamamoto Jun

学習院大学卒業後、大手広告代理店に30年間勤務。カリフォルニアのワイン・カントリーに魅せられて2003年に早期退職し、ナパヴァレーにオフィスを構える。ナパヴァレーとソノマの「ワイン・食・ライフスタイル」のスペシャリストとして、作家・エッセイスト、写真、マーケティング、取材コーディネイト、ワイン輸入（NAPA OFFICE.US）など多方面で活躍。米国人気№1といわれるナパヴァレーのレストラン「ザ・フレンチランドリー」の雑誌『FINESSE』創刊号への寄稿をはじめ、映画『サイドウェイズ』（20世紀Fox＆フジTV）の撮影にもナパヴァレー・アドバイザーとして参加。ワインツーリズムという概念が日本にない時代に、「ワイナリー・リゾート」という言葉を提唱し定着させた。現在もナパヴァレーのオフィスと東京を往き来する生活を送る。本書は『ナパヴァレーのワイン休日』（2008年 樹立社）、『ソノマのワイン休日』（2018年 世界文化社）に続く、ワインツーリズム本の第３弾である。

ナパヴァレー完全ガイド
NAPA VALLEY Complete Guide

発行日　2020年３月５日　初版第１刷発行

著　者　濱本　純
発行者　秋山和輝
発　行　株式会社 世界文化社
〒102-8187
東京都千代田区九段北4-2-29
電話　03-3262-5475（編集部）
電話　03-3262-5115（販売部）

印刷・製本　凸版印刷株式会社

ISBN 978-4-418-20302-4